国家基本职业培训包（指南包 课程包）

# 美容师

（试行）

人力资源社会保障部职业能力建设司编制

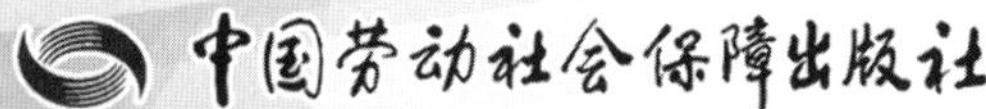

**图书在版编目（CIP）数据**

美容师：试行 / 人力资源社会保障部职业能力建设司编制. -- 北京：中国劳动社会保障出版社，2020

国家基本职业培训包：指南包　课程包

ISBN 978 - 7 - 5167 - 4303 - 4

Ⅰ. ①美…　Ⅱ. ①人…　Ⅲ. ①美容-职业培训-教学参考资料　Ⅳ. ①TS974. 1

中国版本图书馆 CIP 数据核字（2020）第 113443 号

**中国劳动社会保障出版社出版发行**

（北京市惠新东街 1 号　邮政编码：100029）

*

北京市艺辉印刷有限公司印刷装订　新华书店经销

880 毫米 ×1230 毫米　16 开本　6.5 印张　115 千字

2020 年 7 月第 1 版　2020 年 7 月第 1 次印刷

**定价：22.00 元**

读者服务部电话：（010）64929211/84209101/64921644

营销中心电话：（010）64962347

出版社网址：http://www.class.com.cn

# 编 制 说 明

为贯彻落实《中华人民共和国国民经济和社会发展第十三个五年规划纲要》提出的“实行国家基本职业培训包制度”的要求，大力推行终身职业技能培训制度，推进实施职业技能提升行动，按照《人力资源社会保障部办公厅关于推进职业培训包工作的通知》（人社厅发〔2016〕162号）的工作安排，“十三五”期间，组织开发培训需求量大的100个左右国家基本职业培训包，指导开发100个左右地方（行业）特色职业培训包，到“十三五”末，力争全面建立国家基本职业培训包制度，普遍应用职业培训包开展各类职业培训。

职业培训包开发工作是新时期职业培训领域的一项重要基础性工作，旨在形成以综合职业能力培养为核心、以技能水平评价为导向，实现职业培训全过程管理的职业技能培训体系，这对于进一步提高培训质量，加强职业培训规范化、科学化管理，促进职业培训与就业需求的有效衔接，推行终身职业培训制度具有积极的作用。

国家基本职业培训包是集培养目标、培训要求、培训内容、课程规范、考核大纲、教学资源等为一体的职业培训资源总和，是职业培训机构对劳动者开展政府补贴职业培训服务的工作规范和指南。国家基本职业培训包由指南包、课程包和资源包三个子包构成，三个子包各含有相应培训内容与教学资源。

在征求各地培训需求的基础上，经调研论证，人力资源社会保障部组织有关行业专家编制了首批中式烹调师等10个职业（工种）的国家基本职业培训包（指南包　课程包），并于2017年10月印发施行。

在首批中式烹调师等10个职业（工种）国家基本职业培训包编制的基础上，2018年11月，人力资源社会保障部继续组织有关行业专家开展第二批电工等15个职业（工种）的国家基本职业培训包（指南包　课程包）的编制工作。

此次编制的电工等15个职业（工种）的国家基本职业培训包遵循《职业培训包开发技术规程（试行）》的要求，依据国家职业技能标准和企业岗位技术规范，结合新经济、新产业、新职业发展编制，力求客观反映现阶段本职业（工种）的技术水平、对从业人员的要求和职业培训教学规律。

《国家基本职业培训包（指南包　课程包）——美容师（试行）》是在各有关专家的共同努力下完成的。参加编审的主要人员有：王芃、姜勇清、高文红、毛晓青、王铮、赵颖、王佳、李小凤、邱莉军、李彬、王葵、陈咨言、万俊。在编制过程中，得到了中国美发美容协会的大力支持，在此一并致谢。

# 国家基本职业培训包编审委员会

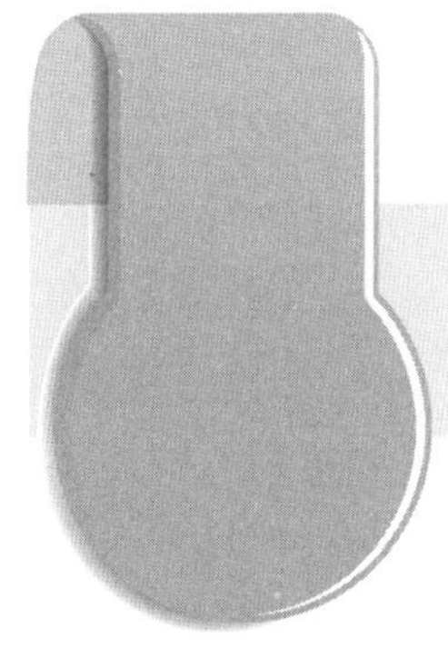

# 目 录

## 1 指 南 包



## 2 课 程 包

## 附录 培训要求与课程规范对照表

# 1

# 指南包

# 1.1 职业培训包使用指南

## 1.1.1 职业培训包结构与内容

美容师职业培训包由指南包、课程包、资源包三个子包构成，结构如图 1 所示。

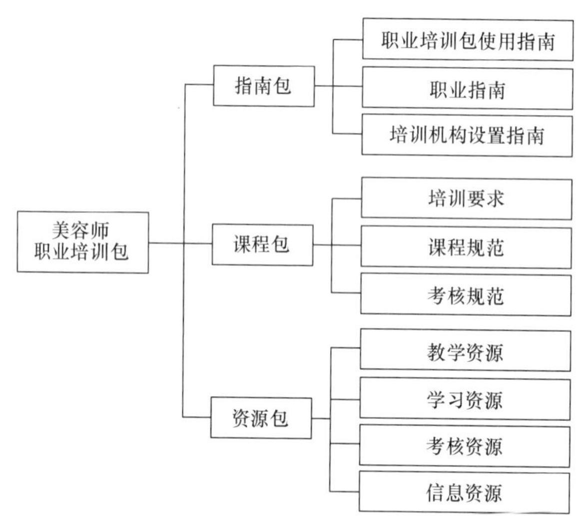


图 1 职业培训包结构图

指南包是指导培训机构、培训教师与学员开展职业培训的服务性内容总和，包括职业培训包使用指南、职业指南和培训机构设置指南。职业培训包使用指南是培训教师与学员了解职业培训包内容、选择培训课程、使用培训资源的说明性文本，职业指南是对职业信息的概述，培训机构设置指南是对培训机构开展职业培训提出的具体要求。

课程包是培训机构与教师实施职业培训、培训学员接受职业培训必须遵守的规范总和，包括培训要求、课程规范、考核规范。培训要求是参照国家职业技能标准、结合职业岗位工作实际需求制定的职业培训规范。课程规范是依据培训要求、结合职业培训教学规律，对课程设置、课堂学时、课程内容与培训方法等所做的统一规定。考核规范是针对课程规范中所规定的课程内容开发的，能够科学评价培训学员过程性学习效果与终结性培训成果的规则，是客观衡量培训学员职业基本素质与职业技能水平的标准，也是实施职业培训过程性与终结性考核的依据。

资源包是依据课程包要求，基于培训学员特征，遵循职业培训教学规律，应用先进职业培训课程理念，开发的多媒介、多形式的职业培训与考核资源总和，包括教学资源、学习资源、考核资源和信息资源。教学资源是为培训教师组织实施职业培训教学活动提供的相关资源；学习资源是为培训学员学习职业培训课程提供的相关资源；考核资源是为培训机构和教师实施职业培训考核提供的相关资源；信息资源是为培训教师和学员拓展视野提供的体现科技进步、职业发展的相关动态资源。

### 1.1.2 培训课程体系介绍

美容师职业培训课程体系依据职业技能等级分为职业基本素质培训课程、五级 / 初级职业技能培训课程、四级 / 中级职业技能培训课程、三级 / 高级职业技能培训课程、二级 / 技师职业技能培训课程和一级 / 高级技师职业技能培训课程，每一类课程有模块、课程和学习单元三个层级。美容师职业培训课程体系源自本职业培训包课程包中的课程规范，以学习单元为基础，形成职业层次清晰、内容丰富的“培训课程超市”。

**美容师职业培训课程学时分配一览表**

| 职业技能等级 | 课堂学时 | | 其他学时 | 培训总学时 |
|---|---|---|---|---|
| | 职业基本素质培训课程 | 职业技能培训课程 | | |
| 五级 / 初级 | 38 | 98 | 284 | 420 |
| 四级 / 中级 | 25 | 96 | 239 | 360 |
| 三级 / 高级 | 20 | 86 | 194 | 300 |
| 二级 / 技师 | 15 | 83 | 142 | 240 |
| 一级 / 高级技师 | 10 | 51 | 59 | 120 |

注：课堂学时是指培训机构开展的理论课程教学及实操课程教学的建议最低学时数，其中职业基本素质培训课程为理论知识培训课程，职业技能培训课程包含理论知识和操作技能培训课程。除课堂学时外，培训总学时还应包括岗位实习、现场观摩、自学自练等其他学时。

（1）职业基本素质培训课程

| 模块 | 课程 | 学习单元 | 课堂学时 |
|---|---|---|---|
| 1. 职业认知与职业素养 | 1–1 职业认知 | 职业认知 | 2 |
| | 1–2 职业道德 | 道德与职业道德 | 2 |
| | 1–3 职业守则 | 美容师职业守则 | 2 |
| | 1–4 美容师职业形象 | （1）美容师的仪表仪态 | 6 |
| | | （2）美容师的沟通技巧 | |

续表

| 模块 | 课程 | 学习单元 | 课堂学时 |
|---|---|---|---|
| 2. 美容发展概况 | 2–1　美容的概念与起源 | 美容的基本概念 | 1 |
| | 2–2　世界美容发展历史阶段 | 世界美容发展简史 | 1 |
| | 2–3　中国现代美容发展历史阶段 | 中国现代美容发展简史 | |
| | 2–4　医学美容简况 | 现代医学美容的发展 | |
| 3. 人体解剖基础知识 | 3–1　细胞基本知识 | 细胞基本知识 | 1 |
| | 3–2　人体基本组织知识 | 人体基本组织知识 | 1 |
| | 3–3　人体器官及系统基本知识 | 人体器官及系统基本知识 | 2 |
| 4. 人体皮肤基础知识 | 4–1　人体皮肤结构及功能 | 人体皮肤结构及功能 | 3 |
| | 4–2　人体皮肤生理功能 | 人体皮肤生理功能及动态变化 | 2 |
| | 4–3　基础皮肤类型及特征 | 基础皮肤类型及特征 | 2 |
| 5. 美容化妆品基础知识 | 5–1　化妆品概念与原料种类 | 化妆品原料的种类 | 2 |
| | 5–2　化妆品的分类 | 化妆品的分类 | 2 |
| | 5–3　化妆品使用的安全知识 | 化妆品使用的安全知识 | 2 |
| 6. 美容院消毒与安全 | 6–1　细菌与病毒基础知识 | 细菌与病毒 | 1 |
| | 6–2　美容院卫生要求与常用消毒方法 | 美容院卫生要求与常用消毒方法 | 2 |
| 7. 美容院安全知识 | 美容院安全知识 | 美容院安全防火基础知识 | 2 |
| 8. 相关法律、法规知识 | 8–1　《中华人民共和国劳动法》相关知识 | 相关法律、法规知识 | 2 |
| | 8–2　《中华人民共和国劳动合同法》相关知识 | | |
| | 8–3　《中华人民共和国消费者权益保护法》相关知识 | | |
| | 8–4　《公共场所卫生管理条例》相关知识 | | |
| 课堂学时合计 | | | 38 |

注：本表所列为五级 / 初级职业基本素质培训课程，其他等级职业基本素质培训课程按“美容师职业培训课程学时分配一览表”中相应的课堂学时进行必要的调整。

（2）五级／初级职业技能培训课程

| 模块 | 课程 | 学习单元 | 课堂学时 |
|---|---|---|---|
| 1. 接待与咨询 | 1–1　顾客接待 | 顾客接待 | 4 |
| | 1–2　服务咨询 | 服务咨询 | 4 |
| 2. 护理美容 | 2–1　面部护理准备 | （1）面部护理概述 | 1 |
| | | （2）面部护理准备工作的主要内容 | 5 |
| | 2–2　面部清洁 | （1）卸妆 | 2 |
| | | （2）洁面 | 4 |
| | | （3）去角质 | 2 |
| | 2–3　面部护理 | （1）喷雾护理 | 2 |
| | | （2）面部按摩 | 16 |
| | | （3）面膜护理 | 3 |
| | | （4）结束工作 | 1 |
| | | （5）基础皮肤类型的护理 | 16 |
| 3. 修饰美容 | 3–1　素描与色彩 | 素描与色彩 | 4 |
| | 3–2　化日妆 | （1）修饰类化妆用品用具 | 4 |
| | | （2）化妆基本流程及操作规范 | 4 |
| | | （3）化妆基础技法 | 18 |
| | | （4）日妆 | 8 |
| 课堂学时合计 | | | 98 |

（3）四级／中级职业技能培训课程

| 模块 | 课程 | 学习单元 | 课堂学时 |
|---|---|---|---|
| 1. 接待与咨询 | 1–1　面部皮肤分析 | （1）面部皮肤分析 | 4 |
| | | （2）制定面部护理方案 | 2 |
| | 1–2　身体测量与分析 | 身体测量与分析 | 4 |

续表

| 模块 | 课程 | 学习单元 | 课堂学时 |
| --- | --- | --- | --- |
| 2. 面部护理 | 2-1　损美性皮肤的护理 | 损美性皮肤的护理 | 12 |
| | 2-2　眼、唇护理 | （1）眼部护理 | 3 |
| | | （2）唇部护理 | 3 |
| | 2-3　仪器护理 | 常见美容仪器的使用 | 12 |
| 3. 身体护理 | 3-1　身体皮肤护理概述 | 身体皮肤护理概述 | 2 |
| | 3-2　身体皮肤护理准备 | 身体皮肤护理准备 | 2 |
| | 3-3　身体清洁与去角质 | 身体清洁与去角质 | 6 |
| | 3-4　身体按摩 | 身体按摩 | 20 |
| | 3-5　身体体膜 | 身体体膜 | 8 |
| | 3-6　结束工作 | 身体基础护理的结束工作 | 2 |
| 4. 修饰美容 | 职业妆 | （1）化妆色彩 | 4 |
| | | （2）化职业妆 | 12 |
| 课堂学时合计 | | | 96 |

（4）三级／高级职业技能培训课程

| 模块 | 课程 | 学习单元 | 课堂学时 |
| --- | --- | --- | --- |
| 1. 接待与咨询 | 1-1　美容咨询 | （1）美容咨询 | 4 |
| | | （2）家庭护理指导 | 2 |
| | 1-2　项目与产品销售 | （1）美容顾客诉求类型 | 2 |
| | | （2）美容服务项目与产品推荐技巧 | 2 |
| 2. 面部护理 | 2-1　常见皮肤病识别 | 常见皮肤病的识别 | 2 |
| | 2-2　损美性皮肤护理 | 损美性皮肤护理 | 12 |
| 3. 身体护理 | 3-1　经穴按摩 | 经穴按摩 | 8 |
| | 3-2　头、肩颈按摩 | 头、肩颈按摩 | 4 |

续表

| 模块 | 课程 | 学习单元 | 课堂学时 |
| --- | --- | --- | --- |
| 3. 身体护理 | 3-3　减肥与塑身 | (1) 肥胖体型的诊断 | 2 |
| | | (2) 减肥塑身常用产品和仪器 | 8 |
| | | (3) 制定减肥塑身方案 | 8 |
| | | (4) 蜂窝组织护理 | 2 |
| | 3-4　瑞典式按摩 | 瑞典式按摩 | 8 |
| 4. 修饰美容 | 新娘妆、新郎妆和伴娘妆 | (1) 新娘妆整体造型特点 | 6 |
| | | (2) 新娘妆、新郎妆、伴娘妆的化妆技巧 | 16 |
| 课堂学时合计 | | | 86 |

（5）二级 / 技师职业技能培训课程

| 模块 | 课程 | 学习单元 | 课堂学时 |
| --- | --- | --- | --- |
| 1. 面部护理 | 1-1　面部芳香护理 | (1) 面部芳香精油的选用 | 3 |
| | | (2) 面部芳香护理操作 | 6 |
| | 1-2　面部刮痧护理 | (1) 面部刮痧器具的选用 | 1 |
| | | (2) 面部刮痧护理操作 | 3 |
| 2. 身体护理 | 2-1　淋巴引流 | 淋巴引流按摩 | 4 |
| | 2-2　SPA 护理 | SPA 护理 | 4 |
| | 2-3　热石疗法 | (1) 热石疗法概述 | 1 |
| | | (2) 热石疗法操作 | 6 |
| | 2-4　草药球按摩 | 草药球按摩 | 6 |
| 3. 修饰美容 | 3-1　美甲 | (1) 鉴别指甲疾病 | 4 |
| | | (2) 手足、指（趾）甲护理 | 8 |
| | | (3) 甲油、甲油胶涂抹 | 5 |
| | 3-2　矫正化妆 | 矫正化妆 | 14 |
| | 3-3　晚宴妆 | 晚宴妆 | 8 |

续表

| 模块 | 课程 | 学习单元 | 课堂学时 |
| --- | --- | --- | --- |
| 4. 培训指导与技术管理 | 4-1 培训指导 | （1）培训人员的能力素质要求 | 2 |
| | | （2）编制培训教案 | 3 |
| | | （3）指导方法 | 1 |
| | 4-2 技术管理 | （1）质量评估及改进 | 1 |
| | | （2）客户关系与市场营销 | 1 |
| | 4-3 经营管理 | 美容院日常店务管理 | 2 |
| 课堂学时合计 | | | 83 |

（6）一级／高级技师职业技能培训课程

| 模块 | 课程 | 学习单元 | 课堂学时 |
| --- | --- | --- | --- |
| 1. 护理项目开发 | 美容美体护理项目开发 | （1）开发美容美体护理项目 | 6 |
| | | （2）制定美容美体项目操作规范及要求 | 6 |
| 2. 修饰美容 | 2-1 脱毛 | （1）脱毛基础知识 | 4 |
| | | （2）脱毛操作 | 18 |
| | | （3）脱毛后护理 | 1 |
| | 2-2 美睫 | （1）美睫基础知识 | 1 |
| | | （2）美睫操作 | 6 |
| | | （3）美睫后护理 | 1 |
| 3. 培训指导与技术管理 | 3-1 培训指导 | （1）培训计划及大纲的编制 | 2 |
| | | （2）培训实施 | 3 |
| | 3-2 技术管理 | （1）服务规范流程及创新 | 1 |
| | | （2）技术创新 | 1 |
| | | （3）美容企业质量评价 | 1 |
| 课堂学时合计 | | | 51 |

### 1.1.3 培训课程选择指导

职业基本素质培训课程为必修课程，相当于本职业的入门课程。各级别职业技能培训课程由培训机构教师根据培训学员实际情况，遵循高级别涵盖低级别的原则进行选择。

原则上，初入职的培训学员应学习职业基本素质培训课程和五级 / 初级职业技能培训课程的全部内容，有职业技能等级提升需求的培训学员，可按照国家职业技能标准的“鉴定要求”，对照自身需求选择更高等级的培训课程。

具有一定从业经验、无职业技能等级晋升要求的培训学员，可根据自身实际情况自主选择本职业培训课程体系。具体办法为：（1）选择课程模块；（2）在模块中筛选课程；（3）在课程中筛选学习单元；（4）组合成本次培训的课程内容。

培训教师可以根据以上方法对培训学员进行单独指导。对于订单培训，培训教师可以按照如上方法，对照订单要求进行培训课程的选择。

## 1.2 职业指南

### 1.2.1 职业描述

美容师是从事面部护理、身体护理和美化修饰容颜工作的人员。

### 1.2.2 职业培训对象

美容师职业培训的对象主要包括：城乡未继续升学的应届初高中毕业生、农村转移就业劳动者、城镇登记失业人员、转岗转业人员、退役军人、企业在职职工和高校毕业生等各类有培训需求的人员。

### 1.2.3 就业前景

美容师的工作岗位有皮肤管理师、美体师、化妆师、美容顾问、化妆品销售等，也可以从事相关专业的培训工作。

# 1.3 培训机构设置指南

## 1.3.1 师资配备要求

（1）培训教师任职基本条件

1）培训五级 / 初级、四级 / 中级、三级 / 高级美容师的教师应具有本职业二级 / 技师（含）以上职业资格证书或相关专业技术职务任职资格。

2）培训美容师二级 / 技师的教师应具有本职业一级 / 高级技师职业资格证书或相关专业高级专业技术职务任职资格。

3）培训美容师一级 / 高级技师的教师应具有本职业一级 / 高级技师职业资格证书 2 年以上或相关专业高级专业技术职务任职资格。

（2）培训教师数量要求（以 30 人培训班为基准）

1）理论课教师：1 人以上；培训规模超过 30 人的，按教师与学员之比不低于 1∶20 配备教师。

2）实习指导教师：1 人以上；培训规模超过 30 人的，按教师与学员之比不低于 1∶20 配备教师。

## 1.3.2 培训场所设备配置要求

培训场所设备配置要求如下（以 30 人培训班为基准）：

（1）理论知识培训场所设备配置要求：60 平方米以上标准教室，多媒体教学设备（计算机、投影仪、幕布或显示屏、网络接入设备、音响设备）、黑板、30 套以上桌椅，符合照明、通风、安全等相关规定。

（2）操作技能培训场所设备配置要求：实习工位充足，设备设施配套齐全，符合环保、劳保、安全、卫生、消防、通风和照明等相关规定及安全规程。美容师（五级 / 初级、四级 / 中级、三级 / 高级）培训场所应具备教师演示和学员练习两个功能，包括护理美容、修饰美容等功能区；美容师（二级 / 技师、一级 / 高级技师）的培训场所可增加作品展示功能区。

操作技能培训相关用具、设备及其他物品、材料等的配置要求如下。

| 序号 | 设施设备及物品 | 数量或规格说明 | 等级 | | | | |
|---|---|---|---|---|---|---|---|
| | | | 五级 / 初级 | 四级 / 中级 | 三级 / 高级 | 二级 / 技师 | 一级 / 高级技师 |
| 1 | 美容床 / 椅 | 15 套 | √ | √ | √ | √ | √ |
| 2 | 工具车 | 15 个 | √ | √ | √ | √ | √ |
| 3 | 电源插座 | 15 个 | √ | √ | √ | √ | √ |
| 4 | 消毒柜（每操作间） | 1 台 | √ | √ | √ | √ | √ |
| 5 | 美容透视灯 | 15 台 | √ | √ | √ | √ | √ |
| 6 | 美容光纤显微检测仪 | 15 台 | — | √ | √ | √ | √ |
| 7 | 冷光放大镜灯 | 15 台 | √ | √ | √ | √ | √ |
| 8 | 奥桑喷雾仪 / 冷喷机 | 15 台 | √ | √ | √ | √ | √ |
| 9 | 超声波美容仪 | 15 台 | — | √ | √ | √ | √ |
| 10 | 真空吸啜仪 | 15 台 | — | √ | √ | √ | √ |
| 11 | 高频电疗仪 | 15 台 | — | √ | √ | √ | √ |
| 12 | 阴阳电离子仪 | 15 台 | — | √ | √ | √ | √ |
| 13 | 热能减肥仪 | 15 台 | — | — | √ | √ | √ |
| 14 | 电子减肥仪 | 15 台 | — | — | √ | √ | √ |
| 15 | 振动推脂仪 | 15 台 | — | — | √ | √ | √ |
| 16 | 刮痧板 | 15 个 | — | — | — | √ | √ |
| 17 | 草药球 | 15 台 | — | — | — | √ | √ |
| 18 | 热石及热石锅 | 15 套 | — | — | — | √ | √ |
| 19 | 保温炉 | 15 台 | — | — | — | √ | √ |
| 20 | 木勺 | 15 个 | — | — | — | √ | √ |
| 21 | 足浴盆 | 15 个 | — | — | — | √ | √ |
| 22 | 美甲光疗灯 | 15 台 | — | — | — | — | √ |
| 23 | 熔蜡器 | 15 台 | — | — | — | — | √ |
| 24 | 刮板（大） | 15 个 | — | — | — | — | √ |
| 25 | 毛巾被（每床配一条） | 15 条 | √ | √ | √ | √ | √ |
| 26 | 污物桶 | 15 个 | √ | √ | √ | √ | √ |
| 27 | 洁面盆 | 15 个 | √ | √ | √ | √ | √ |
| 28 | 化妆镜台 | 15 个 | √ | √ | √ | √ | √ |
| 29 | 化妆椅 | 15 个 | √ | √ | √ | √ | √ |
| 30 | 220 V 镜台前照明灯（冷、暖光） | 15 个 | √ | √ | √ | √ | √ |
| 31 | 冷、热自来水和下水道（每操作间） | 1 套 | √ | √ | √ | √ | √ |

### 1.3.3 教学资料配备要求

（1）培训规范：《美容师国家职业技能标准》《美容师职业基本素质培训要求》《美容师职业技能培训要求》《美容师职业基本素质培训课程规范》《美容师职业技能培训课程规范》《美容师职业基本素质培训考核规范》《美容师职业技能培训理论知识考核规范》《美容师职业技能培训操作技能考核规范》。

（2）教学资源、教材教辅、网络资源等内容必须符合“（1）培训规范”。

### 1.3.4 管理人员配备要求

（1）专职校长：1人，应具有大专及以上文化程度、中级及以上专业技术职务任职资格，从事职业教育及教学管理5年以上，熟悉职业培训的有关法律法规。

（2）教学管理人员：1人以上，专职人员不少于1人；应具有大专及以上文化程度、中级及以上专业技术职务任职资格，从事职业教育及教学管理5年以上，具有丰富的教学管理经验。

（3）办公室人员：1人以上，应具有大专及以上文化程度。

（4）财务管理人员：2人，应具有大专及以上文化程度。

### 1.3.5 管理制度要求

培训机构应建立健全完备的管理制度，包括办学章程与发展规划、教学管理、教师管理、学员管理、财务管理、设备管理、安全管理等制度。

# 2

# 课程包

# 2.1 培训要求

## 2.1.1 职业基本素质培训要求

| 职业基本素质模块 | 培训内容 | 培训细目 |
| --- | --- | --- |
| 1. 职业认知与职业素养 | 1-1 职业认知 | （1）美容行业概述<br>（2）美容师的工作内容 |
| | 1-2 职业道德 | （1）道德<br>（2）职业道德<br>（3）美容师职业道德 |
| | 1-3 职业守则 | 美容师职业守则 |
| | 1-4 美容师职业形象 | （1）美容师职业形象的概念<br>（2）美容师的仪表、仪态<br>（3）美容师的行为举止规范<br>（4）美容师的语言与沟通<br>（5）建立良好关系的途径与方法 |
| 2. 美容发展概况 | 2-1 美容的概念与起源 | （1）美容业的概念<br>（2）美容师的概念<br>（3）美容的分类<br>（4）生活美容与医学美容的区别<br>（5）美容的起源 |
| | 2-2 世界美容发展历史阶段 | （1）古代诸国美容文化的特点<br>（2）不同历史时期的世界美容简况<br>（3）近现代世界美容发展的历史阶段 |
| | 2-3 中国现代美容发展历史阶段 | （1）20 世纪 80 年代初、中期美容发展概况<br>（2）20 世纪 80 年代中、末期美容发展概况<br>（3）20 世纪 80 年代末期，90 年代初、中期美容发展概况<br>（4）20 世纪 90 年代末期、21 世纪初期美容发展概况 |
| | 2-4 医学美容简况 | （1）20 世纪医学美容简况<br>（2）21 世纪医学美容简况 |

续表

| 职业基本素质模块 | 培训内容 | 培训细目 |
| --- | --- | --- |
| 3. 人体解剖基础知识 | 3-1　细胞基本知识 | （1）细胞的概念<br>（2）细胞的结构<br>（3）细胞的功能<br>（4）细胞的生长条件 |
| | 3-2　人体基本组织知识 | （1）人体基本组织的含义<br>（2）人体基本组织的分类 |
| | 3-3　人体器官及系统基本知识 | （1）器官概述<br>（2）系统概述<br>（3）运动系统<br>（4）神经系统<br>（5）循环系统<br>（6）内分泌系统<br>（7）消化系统<br>（8）泌尿系统<br>（9）呼吸系统<br>（10）生殖系统<br>（11）感觉器的概念 |
| 4. 人体皮肤基础知识 | 4-1　人体皮肤结构及功能 | （1）皮肤的结构<br>（2）表皮的结构及功能<br>（3）真皮的结构及功能<br>（4）皮下组织的结构及功能<br>（5）皮肤附属器的结构及功能<br>（6）皮肤的血管、淋巴管、肌肉及神经基础知识 |
| | 4-2　人体皮肤生理功能 | （1）皮肤的主要生理功能<br>（2）皮肤的动态变化 |
| | 4-3　基础皮肤类型及特征 | 基础皮肤类型及特征 |
| 5. 美容化妆品基础知识 | 5-1　化妆品概念与原料种类 | （1）化妆品的概念<br>（2）化妆品基质原料的种类<br>（3）化妆品辅助原料的种类 |
| | 5-2　化妆品的分类 | （1）按产品形状分类<br>（2）按产品用途分类 |
| | 5-3　化妆品使用的安全知识 | （1）化妆品质量鉴别的方法<br>（2）化妆品使用的注意事项<br>（3）化妆品二次污染的原因及表现<br>（4）化妆品的保存方法 |

续表

| 职业基本素质模块 | 培训内容 | 培训细目 |
| --- | --- | --- |
| 6. 美容院消毒与安全 | 6-1　细菌与病毒基础知识 | (1) 细菌基础知识<br>(2) 病毒基础知识 |
| | 6-2　美容院卫生要求与常用消毒方法 | (1) 美容院室内外环境卫生要求<br>(2) 美容院常用消毒杀菌方法<br>(3) 无菌操作技术<br>(4) 美容师操作时的卫生要求 |
| 7. 美容院安全知识 | 美容院安全知识 | (1) 安全防火基础知识<br>(2) 美容院安全防火 |
| 8. 相关法律、法规知识 | 8-1　《中华人民共和国劳动法》相关知识 | (1)《中华人民共和国劳动法》相关知识<br>(2)《中华人民共和国劳动合同法》相关知识<br>(3)《中华人民共和国消费者权益保护法》相关知识<br>(4)《公共场所卫生管理条例》相关知识 |
| | 8-2　《中华人民共和国劳动合同法》相关知识 | |
| | 8-3　《中华人民共和国消费者权益保护法》相关知识 | |
| | 8-4　《公共场所卫生管理条例》相关知识 | |

## 2.1.2　五级 / 初级职业技能培训要求

| 职业功能模块 | 培训内容 | 技能目标 | 培训细目 |
| --- | --- | --- | --- |
| 1. 接待与咨询 | 1-1　顾客接待 | 能使用礼貌用语及得体方式接待顾客 | (1) 前台接待<br>(2) 迎送与引导 |
| | 1-2　服务咨询 | 1-2-1　能为顾客介绍美容院的主要服务项目 | (1) 美容院服务项目介绍<br>(2) 美容院电话咨询与预约 |
| | | 1-2-2　能填写顾客资料登记表 | 美容院顾客资料登记 |

续表

| 职业功能模块 | 培训内容 | 技能目标 | 培训细目 |
| --- | --- | --- | --- |
| 2. 护理美容 | 2–1 面部护理准备 | 能按卫生标准要求进行准备工作 | （1）面部护理工作区域的准备<br>（2）面部护理相关仪器的准备<br>（3）面部护理用品用具的准备<br>（4）美容师的准备<br>（5）顾客的准备 |
| | 2–2 面部清洁 | 2–2–1 能进行面部卸妆 | （1）面部卸妆产品的选择<br>（2）面部卸妆的操作 |
| | | 2–2–2 能清洁面部皮肤 | （1）面部清洁用品的选择<br>（2）洁面的操作<br>（3）清洗的操作<br>（4）爽肤的操作 |
| | | 2–2–3 能去除面部老化角质 | （1）产品去角质的操作<br>（2）仪器去角质的操作<br>（3）去角质的注意事项 |
| | 2–3 面部护理 | 2–3–1 能正确使用奥桑（OZME）喷雾仪及冷喷机对面部皮肤进行喷雾 | （1）奥桑喷雾仪的操作<br>（2）奥桑喷雾仪使用注意事项<br>（3）冷喷机的操作<br>（4）冷喷机使用注意事项 |
| | | 2–3–2 能对面部皮肤进行按摩 | （1）面部美容按摩常用穴位取穴<br>（2）面部美容按摩的操作<br>（3）面部美容按摩的注意事项及禁忌 |
| | | 2–3–3 能敷面膜及涂抹面部护肤品 | （1）面膜的选择<br>（2）面膜护理的操作<br>（3）面膜护理的注意事项<br>（4）涂抹面部护肤品 |
| | | 2–3–4 能按卫生标准进行结束工作 | 面部护理的结束工作 |
| | | 2–3–5 能对基础皮肤类型进行护理 | （1）中性皮肤护理<br>（2）干性皮肤护理<br>（3）油性皮肤护理<br>（4）混合性皮肤护理 |

续表

| 职业功能模块 | 培训内容 | 技能目标 | 培训细目 |
| --- | --- | --- | --- |
| 3. 修饰美容 | 3-1　素描与色彩 | 能掌握素描与色彩基础知识 | (1) 素描在化妆中的运用<br>(2) 色彩在化妆中的运用 |
| | 3-2　化日妆 | 3-2-1　能正确选择修饰类化妆用品用具 | (1) 修饰类化妆用品的选择<br>(2) 化妆用具的选择 |
| | | 3-2-2　能掌握基础化妆技巧 | (1) 化妆的准备<br>(2) 化妆的皮肤清洁护理<br>(3) 底妆与定妆的化妆修饰<br>(4) 局部化妆修饰 |
| | | 3-2-3　能化日妆 | (1) 日妆的常见类型<br>(2) 日妆的化妆方法 |

## 2.1.3　四级 / 中级职业技能培训要求

| 职业功能模块 | 培训内容 | 技能目标 | 培训细目 |
| --- | --- | --- | --- |
| 1. 接待与咨询 | 1-1　面部皮肤分析 | 1-1-1　能运用皮肤检测的主要方法进行皮肤检测及分析 | (1) 皮肤检测<br>(2) 皮肤分析 |
| | | 1-1-2　能根据皮肤分析及结果制定面部护理方案 | (1) 面部皮肤分析表的填写<br>(2) 面部护理方案的制定 |
| | 1-2　身体测量与分析 | 能对身体进行测量与分析 | (1) 身体测量<br>(2) 体型分析 |
| 2. 面部护理 | 2-1　损美性皮肤的护理 | 能进行常见损美性皮肤的护理 | (1) 老化皮肤的护理<br>(2) 毛细血管扩张皮肤的护理<br>(3) 痤疮皮肤的护理 |
| | 2-2　眼、唇护理 | 能进行眼、唇部护理 | (1) 眼部护理<br>(2) 唇部护理 |

续表

| 职业功能模块 | 培训内容 | 技能目标 | 培训细目 |
| --- | --- | --- | --- |
| 2. 面部护理 | 2-3 仪器护理 | 能正确使用真空吸啜仪、阴阳电离子仪、超声波美容仪等进行面部护理 | （1）真空吸啜仪的使用<br>（2）阴阳电离子仪的使用<br>（3）超声波美容仪的使用<br>（4）高频电疗仪的使用 |
| 3. 身体护理 | 3-1 身体皮肤护理概述 | 能制定身体皮肤护理的程序 | （1）身体皮肤护理的程序<br>（2）身体皮肤护理的注意事项 |
| | 3-2 身体皮肤护理准备 | 能进行身体皮肤护理的准备工作 | （1）工作区域及用品用具的准备<br>（2）顾客的准备工作 |
| | 3-3 身体清洁与去角质 | 能清洁身体皮肤 | （1）身体清洁<br>（2）身体去角质 |
| | 3-4 身体按摩 | 能对身体进行按摩 | （1）身体按摩常用穴位取穴<br>（2）身体按摩的操作<br>（3）身体按摩的注意事项与禁忌 |
| | 3-5 身体体膜 | 能涂敷身体体膜 | （1）体膜的选择<br>（2）体膜护理的操作 |
| | 3-6 结束工作 | 能进行身体基础护理的结束工作 | 身体基础护理结束操作 |
| 4. 修饰美容 | 职业妆 | 能进行化妆色彩配色及化妆品的选择与应用 | 化妆色彩的选择 |
| | | 能根据不同职业的特点化职业妆 | （1）职业妆的配色<br>（2）职业妆的化妆方法 |

## 2.1.4 三级 / 高级职业技能培训要求

| 职业功能模块 | 培训内容 | 技能目标 | 培训细目 |
| --- | --- | --- | --- |
| 1. 接待与咨询 | 1-1 美容咨询 | 1-1-1 能为顾客提供美容咨询 | （1）美容咨询讲解<br>（2）美容咨询答疑<br>（3）纠纷处理 |
| | | 1-1-2 能为顾客提供居家美容护理指导 | 家庭护理指导 |

续表

<table>
<tr><th>职业功能模块</th><th>培训内容</th><th>技能目标</th><th>培训细目</th></tr>
<tr><td rowspan="2">1. 接待与咨询</td><td rowspan="2">1-2　项目与产品销售</td><td>1-2-1　能通过观察、交流，发现顾客诉求，销售合适的项目和产品</td><td>（1）美容顾客诉求类型判断<br>（2）项目和产品销售</td></tr>
<tr><td>1-2-2　能根据顾客需求推荐美容服务项目及护肤品</td><td>（1）服务项目与产品推荐<br>（2）接待顾客的技巧</td></tr>
<tr><td rowspan="2">2. 面部护理</td><td>2-1　常见皮肤病识别</td><td>能识别常见的皮肤病</td><td>常见皮肤病的识别</td></tr>
<tr><td>2-2　损美性皮肤护理</td><td>能针对损美性皮肤制定护理方案</td><td>（1）色斑皮肤的护理<br>（2）敏感皮肤的护理<br>（3）日晒伤皮肤的护理</td></tr>
<tr><td rowspan="7">3. 身体护理</td><td>3-1　经穴按摩</td><td>能运用经穴按摩手法进行身体按摩</td><td>（1）抹法的操作<br>（2）推法的操作<br>（3）点法的操作<br>（4）拿法的操作<br>（5）振法的操作</td></tr>
<tr><td>3-2　头、肩颈按摩</td><td>能对身体的头、肩颈部位进行按摩</td><td>（1）头部按摩<br>（2）肩颈部按摩</td></tr>
<tr><td rowspan="4">3-3　减肥与塑身</td><td>3-3-1　能根据肥胖的判断标准分析肥胖体型</td><td>（1）肥胖的判断<br>（2）肥胖体型分析</td></tr>
<tr><td>3-3-2　能根据顾客需求选择和使用美体仪器和产品</td><td>（1）热能减肥仪的操作<br>（2）电子减肥仪的操作<br>（3）振动推脂仪的操作</td></tr>
<tr><td>3-3-3　能制定减肥塑身方案并进行减肥塑身护理</td><td>（1）减肥塑身护理<br>（2）减肥塑身按摩</td></tr>
<tr><td>3-3-4　能进行蜂窝组织护理</td><td>蜂窝组织护理</td></tr>
<tr><td>3-4　瑞典式按摩</td><td>能对身体进行瑞典式按摩</td><td>（1）瑞典式按摩的操作<br>（2）瑞典式按摩的禁忌</td></tr>
<tr><td rowspan="2">4. 修饰美容</td><td rowspan="2">新娘妆、新郎妆和伴娘妆</td><td>能根据整体造型的要求完成新娘妆的发型、服饰搭配</td><td>（1）新娘妆礼服搭配<br>（2）新娘妆发型搭配</td></tr>
<tr><td>能根据妆面要求采用不同的工具、色彩和线条完成新娘妆、新郎妆及伴娘妆</td><td>（1）新娘妆的化妆方法<br>（2）新郎妆的化妆方法<br>（3）伴娘妆的化妆方法</td></tr>
</table>

## 2.1.5 二级 / 技师职业技能培训要求

| 职业功能模块 | 培训内容 | 技能目标 | 培训细目 |
|---|---|---|---|
| 1. 面部护理 | 1-1 面部芳香护理 | 1-1-1 能根据面部皮肤情况选用芳香精油 | （1）芳香精油的选择<br>（2）芳香精油的使用 |
| | | 1-1-2 能进行面部芳香护理 | （1）芳香美容护理准备<br>（2）芳香美容护理精油调配<br>（3）面部精油按摩的操作 |
| | 1-2 面部刮痧护理 | 1-2-1 能根据面部皮肤情况选用刮痧器具 | 刮痧主要器具的选择 |
| | | 1-2-2 能进行面部刮痧 | （1）保健驻颜的美容刮痧操作<br>（2）痤疮的美容刮痧操作<br>（3）黄褐斑的美容刮痧操作<br>（4）敏感皮肤的美容刮痧操作 |
| 2. 身体护理 | 2-1 淋巴引流 | 能运用淋巴引流技法进行面部按摩 | （1）淋巴引流按摩的操作<br>（2）淋巴引流按摩的禁忌 |
| | 2-2 SPA 护理 | 能根据顾客的身体状况和需要推荐和进行 SPA 项目 | （1）SPA 身体护理的操作<br>（2）水疗的操作 |
| | 2-3 热石疗法 | 2-3-1 能根据顾客身体状况和需要推荐热石疗法 | （1）热石疗法推荐<br>（2）热石疗法的石头选择 |
| | | 2-3-2 能根据顾客身体状况进行热石疗法 | （1）热石疗法的准备<br>（2）热石疗法的操作<br>（3）热石疗法后续护理和建议<br>（4）热石疗法的石头保养 |
| | 2-4 草药球按摩 | 能运用草药球的功效进行身体按摩 | 草药球按摩的操作 |
| 3. 修饰美容 | 3-1 美甲 | 3-1-1 能鉴别指甲疾病及失调指甲类型 | （1）常见指甲疾病鉴别<br>（2）失调指甲的处理 |
| | | 3-1-2 能运用美甲工具进行手足、指（趾）甲护理 | （1）甲型修整<br>（2）手足、指（趾）甲护理 |

续表

| 职业功能模块 | 培训内容 | 技能目标 | 培训细目 |
| --- | --- | --- | --- |
| 3. 修饰美容 | 3-1　美甲 | 3-1-3　能运用不同种类的甲油、甲油胶进行修饰涂抹 | （1）甲油涂抹<br>（2）甲油胶涂抹 |
| | 3-2　矫正化妆 | 能根据顾客的皮肤、脸型、五官等特点进行矫正化妆 | （1）面部矫正化妆<br>（2）五官矫正化妆 |
| | 3-3　晚宴妆 | 能根据主题进行晚宴妆的设计 | （1）晚宴妆的化妆方法<br>（2）晚宴妆的服饰搭配 |
| 4. 培训指导与技术管理 | 4-1　培训指导 | 4-1-1　能编制三级 / 高级美容师及以下级别人员的培训教案 | （1）培训人员的能力素质要求<br>（2）培训教案的编制 |
| | | 4-1-2　能对三级 / 高级美容师及以下级别人员进行操作技能培训和指导 | （1）三级 / 高级美容师基本素质及要求<br>（2）指导三级 / 高级美容师的方法 |
| | 4-2　技术管理 | 4-2-1　能对基础美容服务项目进行质量评估并提出改进建议 | （1）质量评估标准<br>（2）质量评估方法 |
| | | 4-2-2　能处理店务中的消费和营销问题 | （1）消费心理学基础知识<br>（2）市场营销学基础知识 |
| | 4-3　经营管理 | 能进行美容院日常店务管理 | （1）人力资源管理<br>（2）物料用品管理<br>（3）财务管理<br>（4）日常运营管理 |

### 2.1.6　一级 / 高级技师职业技能培训要求

| 职业功能模块 | 培训内容 | 技能目标 | 培训细目 |
| --- | --- | --- | --- |
| 1. 护理项目开发 | 美容美体护理项目开发 | 1-1-1　能开发符合新技术、新产品、新设备要求的美容美体项目 | （1）美容市场发展现况<br>（2）美容美体项目开发与创新 |
| | | 1-1-2　能制定新项目操作规范及要求 | 美容美体项目操作规范制定 |
| 2. 修饰美容 | 2-1　脱毛 | 2-1-1　能选用适宜的脱毛产品、工具进行脱毛 | 脱毛产品、工具的选择 |
| | | 2-1-2　能选用温蜡、软蜡、硬蜡、糖浆进行身体各部位脱毛 | （1）温蜡、软蜡脱毛的操作<br>（2）硬蜡脱毛的操作<br>（3）糖浆脱毛的操作 |

续表

| 职业功能模块 | 培训内容 | 技能目标 | 培训细目 |
|---|---|---|---|
| 2. 修饰美容 | 2-1 脱毛 | 2-1-3 能进行脱毛后护理 | （1）脱毛后护理<br>（2）脱毛后禁忌 |
| | 2-2 美睫 | 2-2-1 能根据顾客眼型及睫毛基础选择适宜的假睫毛 | （1）眼型与睫毛基础判断<br>（2）嫁接睫毛的产品、工具的选择 |
| | | 2-2-2 能嫁接睫毛 | （1）嫁接睫毛的设计<br>（2）嫁接睫毛的操作 |
| | | 2-2-3 能进行嫁接睫毛后的整理 | （1）嫁接睫毛后的维护<br>（2）卸睫毛的操作 |
| 3. 培训指导与技术管理 | 3-1 培训指导 | 3-1-1 能编制员工培训计划及大纲 | 培训计划及大纲的编制 |
| | | 3-1-2 能对二级/技师及以下级别人员进行技术指导 | 二级/技师及以下级别人员的技术培训 |
| | 3-2 技术管理 | 3-2-1 能进行服务模式创新，并制定服务规范及质量评价方案 | （1）美容院服务规范、流程的拟定<br>（2）特色服务模式创新 |
| | | 3-2-2 能把握市场动态，引进新技术，进行技术创新 | （1）市场动态的把握<br>（2）技术创新的途径和方法 |
| | | 3-2-3 能进行美容企业质量评价 | 美容企业质量评价 |

# 2.2 课程规范

## 2.2.1 职业基本素质培训课程规范

| 模块 | 课程 | 学习单元 | 课程内容 | 培训建议 | 课堂学时 |
|---|---|---|---|---|---|
| 1. 职业认知与职业素养 | 1-1 职业认知 | 职业认知 | 1）美容行业概述<br>①职业概念<br>②职业简介 | （1）方法：讲授法、参观法、案例教学法<br>（2）重点与难点：美容师的工作内容 | 2 |
| | | | 2）美容师的工作内容 | | |

续表

| 模块 | 课程 | 学习单元 | 课程内容 | 培训建议 | 课堂学时 |
|---|---|---|---|---|---|
| 1. 职业认知与职业素养 | 1-2 职业道德 | 道德与职业道德 | 1）道德<br>①道德的概念<br>②维持道德的依据<br>③公民道德规范 | （1）方法：讲授法、案例教学法<br>（2）重点与难点：美容师职业道德的概念 | 2 |
| | | | 2）职业道德<br>①职业道德的概念<br>②职业道德的作用<br>③服务态度、服务质量、职业道德三者的关系 | | |
| | | | 3）美容师职业道德的概念 | | |
| | 1-3 职业守则 | 美容师职业守则 | 1）美容师职业守则的具体要求<br>①遵纪守法<br>②敬业爱岗<br>③礼貌待客<br>④团结协作<br>⑤诚信公平<br>⑥持续精进 | （1）方法：讲授法、案例教学法<br>（2）重点与难点：美容师职业守则的具体要求 | 2 |
| | | | 2）美容师的安全卫生意识 | | |
| | 1-4 美容师职业形象 | （1）美容师的仪表仪态 | 1）美容师职业形象的概念 | （1）方法：讲授法、演示法、实训法、角色扮演法<br>（2）重点与难点：美容师的仪表、仪态要求 | 6 |
| | | | 2）美容师的仪表、仪态要求<br>①美容师的仪表要求<br>②美容师的仪态要求 | | |
| | | | 3）美容师的行为举止规范 | | |
| | | （2）美容师的沟通技巧 | 1）美容师的语言要求与沟通原则<br>①美容师的语言要求<br>②美容师的沟通原则 | （1）方法：讲授法、演示法、实训法、案例教学法<br>（2）重点：美容师的语言要求<br>（3）难点：建立良好关系的途径与方法 | |
| | | | 2）建立良好关系的途径与方法 | | |
| | | | 3）影响人际关系的行为 | | |

续表

| 模块 | 课程 | 学习单元 | 课程内容 | 培训建议 | 课堂学时 |
|---|---|---|---|---|---|
| 2. 美容发展概况 | 2–1 美容的概念与起源 | 美容的基本概念 | 1）美容业的概念 | （1）方法：讲授法、案例教学法<br>（2）重点与难点：生活美容与医学美容的区别 | 1 |
| | | | 2）美容师的概念 | | |
| | | | 3）美容的分类 | | |
| | | | 4）生活美容与医学美容的区别 | | |
| | | | 5）美容的起源 | | |
| | 2–2 世界美容发展历史阶段 | 世界美容发展简史 | 1）古代诸国美容文化的特点<br>①古代中国美容文化<br>②古代国外美容文化 | （1）方法：讲授法、案例教学法<br>（2）重点：古代诸国美容文化的特点<br>（3）难点：不同历史时期的世界美容简况 | |
| | | | 2）不同历史时期的世界美容简况 | | |
| | | | 3）近现代世界美容发展的历史阶段 | | |
| | 2–3 中国现代美容发展历史阶段 | 中国现代美容发展简史 | 1）20 世纪 80 年代初、中期美容发展概况 | （1）方法：讲授法、案例教学法<br>（2）重点与难点：20 世纪 90 年代末期、21 世纪初期美容的发展概况 | 1 |
| | | | 2）20 世纪 80 年代中、末期美容发展概况 | | |
| | | | 3）20 世纪 80 年代末期，90 年代初、中期美容发展概况 | | |
| | | | 4）20 世纪 90 年代末期、21 世纪初期美容发展概况 | | |
| | 2–4 医学美容简况 | 现代医学美容的发展 | 1）20 世纪不同时期医学美容简况 | （1）方法：讲授法、案例教学法<br>（2）重点与难点：21 世纪初期医学美容的发展 | |
| | | | 2）21 世纪初期医学美容的发展 | | |

续表

<table>
<tr><th>模块</th><th>课程</th><th>学习单元</th><th>课程内容</th><th>培训建议</th><th>课堂学时</th></tr>
<tr><td rowspan="16">3. 人体解剖基础知识</td><td rowspan="4">3-1 细胞基本知识</td><td rowspan="4">细胞基本知识</td><td>1）细胞的概念</td><td rowspan="4">（1）方法：讲授法<br>（2）重点与难点：细胞的结构、细胞的功能</td><td rowspan="4">1</td></tr>
<tr><td>2）细胞的结构<br>①细胞膜<br>②细胞质<br>③细胞核</td></tr>
<tr><td>3）细胞的功能<br>①繁殖再生<br>②新陈代谢</td></tr>
<tr><td>4）细胞的生长条件</td></tr>
<tr><td rowspan="2">3-2 人体基本组织知识</td><td rowspan="2">人体基本组织知识</td><td>1）人体基本组织的含义</td><td rowspan="2">（1）方法：讲授法<br>（2）重点与难点：人体基本组织的分类</td><td rowspan="2">1</td></tr>
<tr><td>2）人体基本组织的分类<br>①上皮组织<br>②结缔组织<br>③肌肉组织<br>④神经组织</td></tr>
<tr><td rowspan="8">3-3 人体器官及系统基本知识</td><td rowspan="8">人体器官及系统基本知识</td><td>1）器官概述<br>①器官的概念<br>②器官的分类</td><td rowspan="8">（1）方法：讲授法<br>（2）重点与难点：运动系统的功能、神经系统的功能、循环系统的功能、内分泌系统的功能</td><td rowspan="8">2</td></tr>
<tr><td>2）系统概述<br>①系统的概念<br>②系统的分类</td></tr>
<tr><td>3）运动系统<br>①运动系统的结构<br>②运动系统的功能</td></tr>
<tr><td>4）神经系统<br>①神经系统的结构<br>②神经系统的功能</td></tr>
<tr><td>5）循环系统<br>①循环系统的结构<br>②循环系统的功能</td></tr>
<tr><td>6）内分泌系统<br>①内分泌系统的结构<br>②内分泌系统的功能</td></tr>
<tr><td>7）消化系统<br>①消化系统的结构<br>②消化系统的功能</td></tr>
<tr><td>8）泌尿系统<br>①泌尿系统的结构<br>②泌尿系统的功能</td></tr>
</table>

续表

| 模块 | 课程 | 学习单元 | 课程内容 | 培训建议 | 课堂学时 |
|---|---|---|---|---|---|
| 3. 人体解剖基础知识 | 3-3 人体器官及系统基本知识 | 人体器官及系统基本知识 | 9）呼吸系统<br>①呼吸系统的结构<br>②呼吸系统的功能 | （1）方法：讲授法<br>（2）重点与难点：运动系统的功能、神经系统的功能、循环系统的功能、内分泌系统的功能 | 2 |
| | | | 10）生殖系统<br>①生殖系统的结构<br>②生殖系统的功能 | | |
| | | | 11）感觉器的概念 | | |
| 4. 人体皮肤基础知识 | 4-1 人体皮肤结构及功能 | 人体皮肤结构及功能 | 1）皮肤的结构 | （1）方法：讲授法<br>（2）重点与难点：表皮的结构及功能、真皮的结构及功能 | 3 |
| | | | 2）表皮的结构及功能 | | |
| | | | 3）真皮的结构及功能 | | |
| | | | 4）皮下组织的结构及功能 | | |
| | | | 5）皮肤附属器的结构及功能 | | |
| | | | 6）皮肤的血管、淋巴管、肌肉及神经基础知识 | | |
| | 4-2 人体皮肤生理功能 | 人体皮肤生理功能及动态变化 | 1）皮肤的主要生理功能<br>①皮肤的保护与免疫功能<br>②皮肤的分泌与排泄功能<br>③皮肤的呼吸功能<br>④皮肤的感觉功能<br>⑤皮肤的体温调节功能<br>⑥皮肤的代谢功能 | （1）方法：讲授法、案例教学法<br>（2）重点与难点：皮肤的主要生理功能 | 2 |
| | | | 2）皮肤的动态变化<br>①年龄所致的皮肤变化<br>②季节所致的皮肤变化<br>③健康状况对皮肤的影响 | | |
| | 4-3 基础皮肤类型及特征 | 基础皮肤类型及特征 | 1）中性皮肤类型及特征 | （1）方法：讲授法、案例教学法<br>（2）重点与难点：中性皮肤类型特征 | 2 |
| | | | 2）干性皮肤类型及特征 | | |
| | | | 3）油性皮肤类型及特征 | | |
| | | | 4）混合性皮肤类型及特征 | | |

续表

| 模块 | 课程 | 学习单元 | 课程内容 | 培训建议 | 课堂学时 |
|---|---|---|---|---|---|
| 5. 美容化妆品基础知识 | 5-1 化妆品概念与原料种类 | 化妆品原料的种类 | 1）化妆品的概念<br>2）化妆品基质原料的种类<br>3）化妆品辅助原料的种类 | （1）方法：讲授法<br>（2）重点与难点：化妆品基质原料的种类 | 2 |
| | 5-2 化妆品的分类 | 化妆品的分类 | 1）按产品形状分类<br>2）按产品用途分类<br>①洁肤类化妆品主要成分、特点和作用<br>②护肤类化妆品主要成分、特点和作用<br>③修饰类化妆品主要成分、特点和作用<br>④特殊用途化妆品主要成分、特点和作用 | （1）方法：讲授法、案例教学法<br>（2）重点与难点：按产品用途分类 | 2 |
| | 5-3 化妆品使用的安全知识 | 化妆品使用的安全知识 | 1）化妆品质量鉴别的方法<br>2）化妆品使用的注意事项<br>3）化妆品二次污染的原因及表现<br>4）化妆品的保存方法 | （1）方法：讲授法<br>（2）重点：化妆品质量鉴别的方法<br>（3）难点：化妆品二次污染的原因及表现 | 2 |
| 6. 美容院消毒与安全 | 6-1 细菌与病毒基础知识 | 细菌与病毒 | 1）细菌基础知识<br>①细菌的概念<br>②细菌的分类与形态<br>③细菌的感染途径与方式<br>2）病毒基础知识<br>①病毒的概念<br>②病毒的感染途径与方式 | （1）方法：讲授法<br>（2）重点与难点：细菌的感染途径与方式、病毒的感染途径与方式 | 1 |
| | 6-2 美容院卫生要求与常用消毒方法 | 美容院卫生要求与常用消毒方法 | 1）美容院室内外环境卫生要求<br>①室内卫生要求<br>②室外卫生要求<br>2）美容院常用消毒方法<br>①物理消毒杀菌法<br>②化学消毒杀菌法<br>③美容院常用消毒方法和步骤<br>④美容院消毒注意事项<br>3）无菌操作技术<br>4）美容师操作时的卫生要求 | （1）方法：讲授法、演示法、实训法<br>（2）重点与难点：美容院室内外环境卫生要求、美容院常用消毒方法 | 2 |

续表

| 模块 | 课程 | 学习单元 | 课程内容 | 培训建议 | 课堂学时 |
|---|---|---|---|---|---|
| 7. 美容院安全知识 | 美容院安全知识 | 美容院安全防火基础知识 | 1）安全防火基础知识<br>①火灾的分类及灭火剂的选择<br>②防火的基本措施<br>③灭火的基本方法<br>④常用灭火器的种类及使用方法 | （1）方法：讲授法、案例教学法<br>（2）重点与难点：美容院安全防火 | 2 |
| | | | 2）美容院安全防火<br>①美容院安全防火的重要性<br>②美容院安全防火注意事项<br>③火场逃生方法 | | |
| 8. 相关法律、法规知识 | 8–1《中华人民共和国劳动法》相关知识 | 相关法律、法规知识 | 1）《中华人民共和国劳动法》相关知识 | （1）方法：讲授法、案例教学法<br>（2）重点与难点：《中华人民共和国劳动合同法》相关知识、《公共场所卫生管理条例》相关知识 | 2 |
| | 8–2《中华人民共和国劳动合同法》相关知识 | | 2）《中华人民共和国劳动合同法》相关知识 | | |
| | 8–3《中华人民共和国消费者权益保护法》相关知识 | | 3）《中华人民共和国消费者权益保护法》相关知识 | | |
| | 8–4《公共场所卫生管理条例》相关知识 | | 4）《公共场所卫生管理条例》相关知识 | | |
| 课堂学时合计 | | | | | 38 |

### 2.2.2 五级 / 初级职业技能培训课程规范

| 模块 | 课程 | 学习单元 | 课程内容 | 培训建议 | 课堂学时 |
|---|---|---|---|---|---|
| 1. 接待与咨询 | 1-1 顾客接待 | 顾客接待 | 1）美容院顾客接待概述<br>①顾客接待的重要性<br>②前台接待的岗位职能<br>③前台接待的基本程序 | （1）方法：讲授法、演示法、实训法、情景表演法<br>（2）重点与难点：美容院接待的内容与要求 | 4 |
| | | | 2）美容院接待的内容与要求<br>①前台接待人员的准备工作<br>②美容院常用接待用语<br>③迎送与引导 | | |
| | 1-2 服务咨询 | 服务咨询 | 1）美容院咨询的目的与意义 | （1）方法：讲授法、演示法、实训法、情景表演法<br>（2）重点：美容院主要服务项目及基本服务流程<br>（3）难点：美容院顾客资料登记表的主要内容 | 4 |
| | | | 2）美容院主要服务项目及基本服务流程<br>①美容院主要服务项目<br>②美容院基本服务流程 | | |
| | | | 3）美容院电话咨询与预约<br>①接听咨询电话的技巧<br>②接听咨询电话的基本要求<br>③美容院电话预约的主要内容 | | |
| | | | 4）美容院顾客登记<br>①美容院顾客资料登记表的主要内容<br>②美容院顾客资料登记表填写范例 | | |
| 2. 护理美容 | 2-1 面部护理准备 | （1）面部护理概述 | 1）面部护理的概念 | （1）方法：讲授法、演示法、实训法<br>（2）重点与难点：面部护理的基本程序 | 1 |
| | | | 2）面部护理的分类 | | |
| | | | 3）面部护理的重要性 | | |
| | | | 4）面部护理的基本程序 | | |
| | | （2）面部护理准备工作的主要内容 | 1）面部护理准备工作的目的与要求 | （1）方法：讲授法、演示法、实训法<br>（2）重点与难点：面部护理准备工作的主要内容 | 5 |
| | | | 2）面部护理准备工作的程序 | | |
| | | | 3）面部护理准备工作的主要内容<br>①工作区域及相关仪器、用品用具的准备<br>②美容师的准备工作<br>③顾客的准备工作 | | |

续表

<table>
<tr><th>模块</th><th>课程</th><th>学习单元</th><th>课程内容</th><th>培训建议</th><th>课堂学时</th></tr>
<tr><td rowspan="12">2. 护理美容</td><td rowspan="10">2-2 面部清洁</td><td rowspan="3">（1）卸妆</td><td>1）面部清洁的目的</td><td rowspan="3">（1）方法：讲授法、演示法、实训法<br>（2）重点与难点：卸妆的操作程序和要求</td><td rowspan="3">2</td></tr>
<tr><td>2）卸妆产品的分类及作用</td></tr>
<tr><td>3）卸妆的操作程序和要求</td></tr>
<tr><td rowspan="4">（2）洁面</td><td>1）洁面产品的分类及作用</td><td rowspan="4">（1）方法：讲授法、演示法、实训法<br>（2）重点与难点：洁面的操作程序和要求</td><td rowspan="4">4</td></tr>
<tr><td>2）洁面的操作程序和要求</td></tr>
<tr><td>3）清洗的操作程序和要求</td></tr>
<tr><td>4）爽肤的目的和方法</td></tr>
<tr><td rowspan="4">（3）去角质</td><td>1）面部去角质概述<br>①去角质的含义<br>②去角质的目的及作用<br>③去角质皮肤的辨识<br>④去角质的分类及原理</td><td rowspan="4">（1）方法：讲授法、演示法、实训法<br>（2）重点与难点：产品去角质的操作方法与技巧、仪器去角质的操作方法与技巧</td><td rowspan="4">2</td></tr>
<tr><td>2）产品去角质的操作方法与技巧<br>①磨砂膏<br>②去角质膏（霜）<br>③去角质液</td></tr>
<tr><td>3）仪器去角质的操作方法与技巧</td></tr>
<tr><td>4）去角质的注意事项</td></tr>
<tr><td rowspan="2">2-3 面部护理</td><td rowspan="2">（1）喷雾护理</td><td>1）奥桑喷雾仪<br>①奥桑喷雾仪的工作原理<br>②奥桑喷雾仪的美容功效<br>③奥桑喷雾仪的操作方法及注意事项<br>④奥桑喷雾仪的日常养护</td><td rowspan="2">（1）方法：讲授法、演示法、实训法<br>（2）重点与难点：奥桑喷雾仪的操作方法及注意事项、冷喷机的操作方法及注意事项</td><td rowspan="2">2</td></tr>
<tr><td>2）冷喷机<br>①冷喷机工作原理及适用范围<br>②冷喷机操作方法及注意事项</td></tr>
</table>

续表

| 模块 | 课程 | 学习单元 | 课程内容 | 培训建议 | 课堂学时 |
|---|---|---|---|---|---|
| 2. 护理美容 | 2–3 面部护理 | （2）面部按摩 | 1）面部按摩原理与功效<br>①面部美容按摩概述<br>②面部美容按摩的基本原则及要求 | （1）方法：讲授法、演示法、实训法<br>（2）重点与难点：面部美容按摩常用穴位及功效、面部美容按摩的常用手法与按摩技巧 | 16 |
| | | | 2）面部美容按摩常用穴位及功效 | | |
| | | | 3）面部美容按摩手法与技巧<br>①面部美容按摩的常用手法与按摩技巧<br>②面部美容按摩的注意事项及禁忌 | | |
| | | （3）面膜护理 | 1）面膜的作用原理 | （1）方法：讲授法、演示法、实训法<br>（2）重点与难点：面膜护理的操作要求 | 3 |
| | | | 2）面膜的种类及功效 | | |
| | | | 3）面膜护理的操作要求<br>①根据顾客皮肤状况选用面膜<br>②涂敷面膜的方法<br>③清洗面膜的方法 | | |
| | | | 4）面膜护理的注意事项 | | |
| | | | 5）涂抹面部护肤品 | | |
| | | （4）结束工作 | 1）面部护理结束工作的主要内容 | （1）方法：讲授法、演示法、实训法<br>（2）重点与难点：面部护理结束工作的标准及要求 | 1 |
| | | | 2）面部护理结束工作的标准及要求 | | |
| | | （5）基础皮肤类型的护理 | 1）中性皮肤护理<br>①中性皮肤的形成因素与护理目的<br>②中性皮肤的护理实施方案与家庭保养方案 | （1）方法：讲授法、演示法、实训法<br>（2）重点与难点：干性皮肤的护理实施方案与家庭保养方案、油性皮肤的护理实施方案与家庭保养方案、混合性皮肤的护理实施方案与家庭保养方案 | 16 |
| | | | 2）干性皮肤护理<br>①干性皮肤的形成因素与护理目的<br>②干性皮肤的护理实施方案与家庭保养方案 | | |
| | | | 3）油性皮肤护理<br>①油性皮肤的形成因素与护理目的<br>②油性皮肤的护理实施方案与家庭保养方案 | | |
| | | | 4）混合性皮肤护理<br>①混合性皮肤的形成因素与护理目的<br>②混合性皮肤的护理实施方案与家庭保养方案 | | |

续表

| 模块 | 课程 | 学习单元 | 课程内容 | 培训建议 | 课堂学时 |
|---|---|---|---|---|---|
| 3. 修饰美容 | 3-1 素描与色彩 | 素描与色彩 | 1）素描在化妆中的运用<br>①素描基本知识<br>②素描技法在化妆中的运用 | （1）方法：讲授法、演示法、实训法<br>（2）重点与难点：素描技法在化妆中的运用、色彩知识在化妆中的运用 | 4 |
| | | | 2）色彩在化妆中的运用<br>①色彩基本知识<br>②色彩知识在化妆中的运用 | | |
| | 3-2 化日妆 | （1）修饰类化妆用品用具 | 1）修饰类化妆用品的分类及选择 | （1）方法：讲授法、演示法、实训法<br>（2）重点与难点：修饰类化妆用品的分类及选择 | 4 |
| | | | 2）化妆用具的分类及选择 | | |
| | | （2）化妆基本流程及操作规范 | 1）化妆的准备工作 | （1）方法：讲授法、演示法、实训法<br>（2）重点与难点：化妆的准备工作 | 4 |
| | | | 2）化妆的皮肤清洁护理方法 | | |
| | | | 3）五官比例及脸型的特征 | | |
| | | | 4）化妆的基本程序 | | |
| | | （3）化妆基础技法 | 1）底妆与定妆的化妆修饰<br>①底妆的化妆修饰<br>②定妆的化妆修饰 | （1）方法：讲授法、演示法、实训法<br>（2）重点与难点：底妆与定妆的化妆修饰、局部化妆修饰 | 18 |
| | | | 2）局部化妆修饰<br>①眉的化妆修饰<br>②眼的化妆修饰<br>③面颊的化妆修饰<br>④唇的化妆修饰 | | |
| | | （4）日妆 | 1）日妆的常见类型 | （1）方法：讲授法、演示法、实训法<br>（2）重点与难点：日妆的程序及操作技巧 | 8 |
| | | | 2）日妆造型的特点 | | |
| | | | 3）日妆的要求 | | |
| | | | 4）日妆的程序及操作技巧 | | |
| 课堂学时合计 | | | | | 98 |

## 2.2.3 四级 / 中级职业技能培训课程规范

| 模块 | 课程 | 学习单元 | 课程内容 | 培训建议 | 课堂学时 |
|---|---|---|---|---|---|
| 1. 接待与咨询 | 1-1 面部皮肤分析 | （1）面部皮肤分析 | 1）皮肤分析的重要性 | （1）方法：讲授法、演示法、实训法<br>（2）重点：皮肤分析的基本程序<br>（3）难点：皮肤检测的主要方法 | 4 |
| | | | 2）皮肤检测的主要方法<br>①冷光放大镜灯的作用原理及操作要求<br>②美容透视灯的作用原理及操作要求<br>③美容光纤显微检测仪的作用原理及操作要求 | | |
| | | | 3）皮肤分析的基本程序 | | |
| | | | 4）皮肤分析的注意事项 | | |
| | | （2）制定面部护理方案 | 1）面部皮肤分析表的主要内容 | （1）方法：讲授法、演示法、实训法<br>（2）重点与难点：面部护理方案制定程序 | 2 |
| | | | 2）面部护理方案制定程序 | | |
| | 1-2 身体测量与分析 | 身体测量与分析 | 1）形体美的概述<br>①形体美的标准<br>②构成体型三要素<br>③体型的分类<br>④形体美的决定要素 | （1）方法：讲授法、演示法、实训法、案例教学法<br>（2）重点：人体各部位的主要测量点<br>（3）难点：身体皮肤分析表的内容 | 4 |
| | | | 2）体型分析与检测<br>①体型分析操作程序<br>②手工测量分析体型的环节<br>③人体各部位的主要测量点<br>④身体皮肤分析表的内容 | | |

续表

| 模块 | 课程 | 学习单元 | 课程内容 | 培训建议 | 课堂学时 |
|---|---|---|---|---|---|
| 2. 面部护理 | 2-1 损美性皮肤的护理 | 损美性皮肤的护理 | 1）老化皮肤的护理<br>①老化皮肤的特征<br>②皱纹的分类<br>③皮肤老化的外在因素<br>④皮肤老化的内在因素<br>⑤老化皮肤的护理目的<br>⑥老化皮肤的护理实施方案<br>⑦老化皮肤的家庭保养方案 | （1）方法：讲授法、演示法、案例教学法<br>（2）重点与难点：老化皮肤的护理实施方案、毛细血管扩张皮肤的护理实施方案、痤疮皮肤的护理实施方案 | 12 |
| | | | 2）毛细血管扩张皮肤的护理<br>①毛细血管扩张皮肤的特征<br>②毛细血管扩张皮肤的成因<br>③毛细血管扩张皮肤的特点<br>④毛细血管扩张皮肤的护理目的<br>⑤毛细血管扩张皮肤的护理实施方案<br>⑥毛细血管扩张皮肤的家庭保养方案 | | |
| | | | 3）痤疮皮肤的护理<br>①痤疮皮肤的特征<br>②痤疮皮肤的成因<br>③痤疮的分型及特点<br>④痤疮皮肤的护理目的<br>⑤痤疮皮肤的护理实施方案<br>⑥痤疮皮肤的家庭保养方案<br>⑦痤疮的清除方法<br>⑧黑头的清除方法<br>⑨白头的清除方法 | | |
| | 2-2 眼、唇护理 | （1）眼部护理 | 1）眼部护理概述<br>①眼部的生理结构<br>②眼部皮肤的特点 | （1）方法：讲授法、演示法、案例教学法、实训法<br>（2）重点与难点：眼袋的护理方案、黑眼圈的护理方案、鱼尾纹的护理方案 | 3 |
| | | | 2）眼袋护理<br>①眼袋的分类<br>②眼袋的概念和成因<br>③眼袋的护理方案 | | |
| | | | 3）黑眼圈护理<br>①黑眼圈的概念及成因<br>②黑眼圈的护理方案 | | |
| | | | 4）鱼尾纹护理<br>①鱼尾纹的概念及成因<br>②鱼尾纹的护理方案 | | |
| | | | 5）粟丘疹的处理<br>①粟丘疹的概念及成因<br>②粟丘疹的清理方案 | | |

续表

| 模块 | 课程 | 学习单元 | 课程内容 | 培训建议 | 课堂学时 |
|---|---|---|---|---|---|
| 2. 面部护理 | 2-2 眼、唇护理 | （2）唇部护理 | 1）唇部的生理结构及特点 | （1）方法：讲授法、演示法、案例教学法、实训法<br>（2）重点与难点：唇部的护理方案、唇部的家庭保养方法 | 3 |
| | | | 2）唇部损美问题的成因 | | |
| | | | 3）唇部的护理方案 | | |
| | | | 4）唇部的家庭保养方法 | | |
| | 2-3 仪器护理 | 常见美容仪器的使用 | 1）真空吸啜仪<br>①真空吸啜仪的结构<br>②真空吸啜仪的工作原理<br>③真空吸啜仪的功效<br>④真空吸啜仪的使用方法<br>⑤使用真空吸啜仪的注意事项 | （1）方法：讲授法、演示法、实训法<br>（2）重点与难点：真空吸啜仪的使用方法与注意事项、阴阳电离子仪的使用方法与注意事项、超声波美容仪的使用方法与注意事项、高频电疗仪的使用方法与注意事项 | 12 |
| | | | 2）阴阳电离子仪<br>①阴阳电离子仪的结构<br>②阴阳电离子仪的工作原理<br>③阴阳电离子仪的功效<br>④阴阳电离子仪的使用方法<br>⑤使用阴阳电离子仪的注意事项 | | |
| | | | 3）超声波美容仪<br>①超声波美容仪的结构<br>②超声波美容仪的工作原理<br>③超声波美容仪的功效<br>④超声波美容仪的使用方法<br>⑤使用超声波美容仪的注意事项 | | |
| | | | 4）高频电疗仪<br>①高频电疗仪的结构<br>②高频电疗仪的工作原理<br>③高频电疗仪的功效<br>④高频电疗仪的使用方法<br>⑤使用高频电疗仪的注意事项 | | |
| 3. 身体护理 | 3-1 身体皮肤护理概述 | 身体皮肤护理概述 | 1）身体皮肤护理概述<br>①身体皮肤护理的概念<br>②身体皮肤护理的重要性<br>③身体皮肤护理的常见项目 | （1）方法：讲授法、演示法、实训法<br>（2）重点与难点：身体皮肤护理的程序与注意事项 | 2 |
| | | | 2）身体皮肤护理的程序 | | |
| | | | 3）身体皮肤护理的注意事项 | | |

续表

| 模块 | 课程 | 学习单元 | 课程内容 | 培训建议 | 课堂学时 |
|---|---|---|---|---|---|
| 3．身体护理 | 3-2　身体皮肤护理准备 | 身体皮肤护理准备 | 1）身体皮肤护理准备工作概况<br>①身体皮肤护理准备工作的目的<br>②身体皮肤护理准备工作的程序<br>③身体皮肤护理准备工作的要求 | （1）方法：讲授法、演示法、实训法<br>（2）重点与难点：身体皮肤护理准备工作的程序及要求 | 2 |
| | | | 2）工作区域及用品用具的准备 | | |
| | | | 3）顾客的准备 | | |
| | 3-3　身体清洁与去角质 | 身体清洁与去角质 | 1）身体清洁<br>①身体清洁的目的<br>②身体清洁的步骤 | （1）方法：讲授法、演示法、实训法<br>（2）重点：身体清洁的步骤<br>（3）难点：身体重点部位去角质的操作方法、身体去角质的注意事项 | 6 |
| | | | 2）身体去角质<br>①身体去角质的作用<br>②身体去角质的常用工具和产品<br>③身体重点部位去角质的操作方法<br>④身体去角质的注意事项 | | |
| | 3-4　身体按摩 | 身体按摩 | 1）身体按摩概述<br>①身体各部位生理结构及特点<br>②身体按摩的不同类别与功效<br>③身体按摩的常用穴位 | （1）方法：讲授法、演示法、实训法<br>（2）重点：身体按摩的常用穴位、身体按摩的基础手法<br>（3）难点：身体按摩的姿态要求、身体按摩的用力技巧 | 20 |
| | | | 2）身体按摩技巧<br>①身体按摩的基础手法<br>②身体按摩的姿态要求<br>③身体按摩的用力技巧 | | |
| | | | 3）身体按摩的注意事项与禁忌 | | |
| | 3-5　身体体膜 | 身体体膜 | 1）体膜概述<br>①体膜的种类<br>②体膜的成分<br>③体膜的作用 | （1）方法：讲授法、演示法、实训法<br>（2）重点与难点：体膜护理的操作要求及注意事项 | 8 |
| | | | 2）体膜护理的操作技巧<br>①体膜护理的操作要求<br>②体膜护理的注意事项<br>③体膜的清洁方法 | | |

续表

| 模块 | 课程 | 学习单元 | 课程内容 | 培训建议 | 课堂学时 |
|---|---|---|---|---|---|
| 3. 身体护理 | 3-6 结束工作 | 身体基础护理的结束工作 | 1）身体基础护理结束工作的内容 | （1）方法：讲授法、演示法、实训法<br>（2）重点与难点：身体基础护理结束工作的标准和要求 | 2 |
| | | | 2）身体基础护理结束工作的标准和要求 | | |
| 4. 修饰美容 | 职业妆 | （1）化妆色彩 | 1）化妆色彩的选择与应用<br>①人体色彩的分类及审美特征<br>②化妆品色彩选择的基本原则<br>③常见的化妆配色形式 | （1）方法：讲授法、演示法、实训法、案例教学法<br>（2）重点与难点：化妆色彩的选择与应用 | 4 |
| | | | 2）光色与妆色的关系 | | |
| | | | 3）不同光源下妆色的特点及变化 | | |
| | | （2）化职业妆 | 1）职业妆概述<br>①职业妆的概念<br>②职业妆的分类<br>③职业妆的配色要求<br>④职业妆化妆的基本原则 | （1）方法：讲授法、演示法、实训法<br>（2）重点与难点：不同场合职业妆的化妆特点与技巧 | 12 |
| | | | 2）不同场合职业妆的化妆特点与技巧 | | |
| 课堂学时合计 | | | | | 96 |

## 2.2.4 三级 / 高级职业技能培训课程规范

| 模块 | 课程 | 学习单元 | 课程内容 | 培训建议 | 课堂学时 |
|---|---|---|---|---|---|
| 1. 接待与咨询 | 1-1 美容咨询 | （1）美容咨询 | 1）美容咨询概述<br>①美容咨询的概念<br>②美容咨询的步骤 | （1）方法：讲授法、演示法、案例教学法、情景表演法<br>（2）重点：美容咨询中的咨询技巧、美容咨询中的讲解要点<br>（3）难点：处理纠纷的技巧 | 4 |
| | | | 2）美容咨询的技巧<br>①美容咨询中的咨询技巧<br>②美容咨询中的讲解要点<br>③美容咨询中常见疑难问题的解答 | | |
| | | | 3）处理纠纷的技巧<br>①避免纠纷的方法<br>②处理纠纷的步骤<br>③影响顾客满意度的要素 | | |

续表

| 模块 | 课程 | 学习单元 | 课程内容 | 培训建议 | 课堂学时 |
|---|---|---|---|---|---|
| 1. 接待与咨询 | 1–1 美容咨询 | （2）家庭护理指导 | 1）家庭护理指导的作用<br>2）家庭护理指导的内容<br>3）居家养护方法指导的要点 | （1）方法：讲授法、演示法、案例教学法<br>（2）重点与难点：家庭护理指导的内容 | 2 |
| | 1–2 项目与产品销售 | （1）美容顾客诉求类型 | 1）顾客诉求类型及其特点<br>2）项目和产品销售技巧 | （1）方法：讲授法、演示法、案例教学法<br>（2）重点与难点：顾客诉求类型及其特点 | 2 |
| | | （2）美容服务项目与产品推荐技巧 | 1）推荐服务项目与产品时的技巧<br>①推荐中细心观察法的技巧<br>②推荐中产品推荐法的技巧<br>③推荐中倾听的技巧<br>2）接待顾客时的原则与技巧 | （1）方法：讲授法、演示法、案例教学法<br>（2）重点：推荐服务项目与产品时的技巧<br>（3）难点：接待顾客时的原则与技巧 | 2 |
| 2. 面部护理 | 2–1 常见皮肤病识别 | 常见皮肤病的识别 | 1）扁平疣的识别<br>2）银屑病的识别<br>3）脂溢性皮炎的识别<br>4）单纯性疱疹的识别<br>5）汗管腺瘤的识别<br>6）毛周角化病的识别 | （1）方法：讲授法、案例教学法<br>（2）重点与难点：扁平疣、银屑病、脂溢性皮炎、单纯性疱疹、汗管腺瘤及毛周角化病的识别 | 2 |
| | 2–2 损美性皮肤护理 | 损美性皮肤护理 | 1）色斑皮肤的基本概念与护理方案<br>①色斑的概念与分类<br>②黑色素代谢的生理过程<br>③影响黑色素生成的因素<br>④黄褐斑的定义及成因<br>⑤雀斑的定义及成因<br>⑥瑞尔黑变病及炎症后色素沉着的成因<br>⑦色斑皮肤的护理目的<br>⑧色斑皮肤的护理实施方案<br>⑨色斑皮肤的家庭保养方案 | （1）方法：讲授法、演示法、案例教学法<br>（2）重点与难点：色斑皮肤的护理实施方案、敏感皮肤的护理实施方案、日晒伤皮肤的护理实施方案 | 12 |

续表

| 模块 | 课程 | 学习单元 | 课程内容 | 培训建议 | 课堂学时 |
|---|---|---|---|---|---|
| 2. 面部护理 | 2-2 损美性皮肤护理 | 损美性皮肤护理 | 2）敏感皮肤的基本概念与护理方案<br>①敏感皮肤的概念、成因及特点<br>②敏感皮肤的护理目的<br>③敏感皮肤的护理实施方案<br>④敏感皮肤护理时的注意事项<br>⑤敏感皮肤的家庭保养方案 | （1）方法：讲授法、演示法、案例教学法<br>（2）重点与难点：色斑皮肤的护理实施方案、敏感皮肤的护理实施方案、日晒伤皮肤的护理实施方案 | 12 |
| | | | 3）日晒伤皮肤的基本概念与护理方案<br>①日晒伤皮肤的概念、成因及特点<br>②防晒化妆品的选择<br>③日晒伤皮肤的护理目的<br>④日晒伤皮肤的护理实施方案<br>⑤日晒伤皮肤的家庭保养方案 | | |
| 3. 身体护理 | 3-1 经穴按摩 | 经穴按摩 | 1）经穴美容按摩基本概念<br>①传统经穴美容按摩法的概念<br>②经穴美容按摩的美容功效<br>③经穴美容按摩的注意事项 | （1）方法：讲授法、演示法、实训法<br>（2）重点与难点：经穴按摩的常用手法、动作要领及主要功效 | 8 |
| | | | 2）经穴按摩的常用手法、动作要领及主要功效<br>①抹法的动作要领及主要功效<br>②推法的动作要领及主要功效<br>③点法的动作要领及主要功效<br>④拿法的动作要领及主要功效<br>⑤振法的动作要领及主要功效 | | |

续表

<table>
<tr><th>模块</th><th>课程</th><th>学习单元</th><th>课程内容</th><th>培训建议</th><th>课堂学时</th></tr>
<tr><td rowspan="10">3．身体护理</td><td rowspan="3">3–2 头、肩颈按摩</td><td rowspan="3">头、肩颈按摩</td><td>1）头部按摩<br>①头部的生理结构特点<br>②头部按摩的作用<br>③头部经络<br>④头部常用穴位与功效<br>⑤头部按摩的手法与步骤</td><td rowspan="3">（1）方法：讲授法、演示法、实训法<br>（2）重点与难点：头部常用穴位与功效、头部按摩的手法与步骤、肩颈部常用穴位与功效、肩颈部按摩的手法与步骤</td><td rowspan="3">4</td></tr>
<tr><td>2）肩颈部按摩<br>①肩颈部的生理结构特点<br>②肩颈部按摩的作用<br>③肩颈部经络<br>④肩颈部常用穴位与功效<br>⑤肩颈部按摩的手法与步骤</td></tr>
<tr><td>3）头部、肩颈部按摩的注意事项</td></tr>
<tr><td rowspan="6">3–3 减肥与塑身</td><td rowspan="2">（1）肥胖体型的诊断</td><td>1）肥胖的基本知识<br>①肥胖的含义<br>②肥胖的分类及成因<br>③肥胖的危害与预防</td><td rowspan="2">（1）方法：讲授法、演示法、实训法<br>（2）重点与难点：肥胖的判断标准与肥胖体型分析方法</td><td rowspan="2">2</td></tr>
<tr><td>2）肥胖的判断标准与肥胖体型分析方法<br>①肥胖的判断标准<br>②肥胖体型分析方法</td></tr>
<tr><td rowspan="4">（2）减肥塑身常用产品和仪器</td><td>1）减肥产品的成分及作用<br>①减肥产品的成分<br>②减肥产品的作用</td><td rowspan="4">（1）方法：讲授法、演示法、实训法<br>（2）重点与难点：热能减肥仪的功能、操作步骤及禁忌，电子减肥仪的功能、操作步骤及禁忌，振动推脂仪的功能、操作步骤及禁忌</td><td rowspan="4">8</td></tr>
<tr><td>2）热能减肥仪的功能、操作步骤及禁忌<br>①热能减肥仪的工作原理及功能<br>②热能减肥仪的操作步骤与方法<br>③热能减肥仪的禁忌</td></tr>
<tr><td>3）电子减肥仪的功能、操作步骤及禁忌<br>①电子减肥仪的工作原理及功能<br>②电子减肥仪的操作步骤与方法<br>③电子减肥仪的禁忌</td></tr>
<tr><td>4）振动推脂仪的功能、操作步骤及禁忌<br>①振动推脂仪的工作原理及功能<br>②振动推脂仪的操作步骤与方法<br>③振动推脂仪的禁忌</td></tr>
</table>

续表

| 模块 | 课程 | 学习单元 | 课程内容 | 培训建议 | 课堂学时 |
|---|---|---|---|---|---|
| 3. 身体护理 | 3–3 减肥与塑身 | （3）制定减肥塑身方案 | 1）减肥塑身方法及护理程序<br>①常见的减肥塑身方法<br>②减肥塑身护理操作程序 | （1）方法：讲授法、演示法、实训法<br>（2）重点与难点：减肥塑身的方法及护理程序 | 8 |
| | | | 2）减肥塑身按摩<br>①减肥塑身按摩的作用<br>②常用减肥塑身穴位<br>③常用按摩减肥手法 | | |
| | | | 3）减肥塑身护理的注意事项 | | |
| | | （4）蜂窝组织护理 | 1）蜂窝组织概述<br>①蜂窝组织的概念<br>②蜂窝组织的成因 | （1）方法：讲授法、演示法、实训法<br>（2）重点与难点：蜂窝组织护理 | 2 |
| | | | 2）蜂窝组织护理<br>①蜂窝组织的护理操作方法<br>②蜂窝组织的护理禁忌 | | |
| | 3–4 瑞典式按摩 | 瑞典式按摩 | 1）瑞典式按摩的概念与原理<br>①瑞典式按摩的概念<br>②瑞典式按摩的原理 | （1）方法：讲授法、演示法、实训法<br>（2）重点与难点：瑞典式按摩基本手法 | 8 |
| | | | 2）瑞典式按摩特点与功效<br>①瑞典式按摩特点<br>②瑞典式按摩功效 | | |
| | | | 3）瑞典式按摩基本手法 | | |
| | | | 4）瑞典式按摩禁忌 | | |
| 4. 修饰美容 | 新娘妆、新郎妆和伴娘妆 | （1）新娘妆整体造型特点 | 1）新娘妆的概念 | （1）方法：讲授法、演示法、案例教学法<br>（2）重点与难点：新娘妆整体造型的搭配技巧 | 6 |
| | | | 2）新娘妆的特点 | | |
| | | | 3）新娘礼服的特点 | | |
| | | | 4）新娘发型的特点 | | |
| | | | 5）新娘妆整体造型的搭配技巧 | | |

续表

| 模块 | 课程 | 学习单元 | 课程内容 | 培训建议 | 课堂学时 |
|---|---|---|---|---|---|
| 4. 修饰美容 | 新娘妆、新郎妆和伴娘妆 | （2）新娘妆、新郎妆、伴娘妆的化妆技巧 | 1）新娘妆<br>①新娘妆的妆前护理<br>②新娘妆的化妆要点及技巧<br>③新娘妆的补妆技巧<br>④新娘妆的注意事项 | （1）方法：讲授法、演示法、实训法<br>（2）重点与难点：新娘妆的化妆要点及技巧 | 16 |
| | | | 2）新郎妆<br>①新郎妆的特点<br>②新郎妆的化妆要点 | | |
| | | | 3）伴娘妆<br>①伴娘妆的特点<br>②伴娘妆的化妆要点 | | |
| 课堂学时合计 | | | | | 86 |

## 2.2.5 二级 / 技师职业技能培训课程规范

| 模块 | 课程 | 学习单元 | 课程内容 | 培训建议 | 课堂学时 |
|---|---|---|---|---|---|
| 1. 面部护理 | 1-1 面部芳香护理 | （1）面部芳香精油的选用 | 1）芳香疗法的作用原理 | （1）方法：讲授法、演示法、实训法<br>（2）重点与难点：常见的精油使用方法 | 3 |
| | | | 2）芳香精油的类型、特点及功效<br>①芳香精油的类型<br>②芳香精油的特点<br>③芳香精油的功效<br>④基础油的作用 | | |
| | | | 3）常见的精油使用方法<br>①熏香法<br>②沐浴法<br>③擦拭按摩法<br>④精油湿敷法<br>⑤日常护肤品<br>⑥喷雾法 | | |

续表

| 模块 | 课程 | 学习单元 | 课程内容 | 培训建议 | 课堂学时 |
| --- | --- | --- | --- | --- | --- |
| 1. 面部护理 | 1-1 面部芳香护理 | （2）面部芳香护理操作 | 1）芳香美容护理准备工作的内容 | （1）方法：讲授法、演示法、实训法<br>（2）重点与难点：面部精油按摩的操作技巧 | 6 |
| | | | 2）芳香美容护理调配精油的原则 | | |
| | | | 3）面部精油按摩的操作技巧<br>①精油按摩的要领<br>②精油按摩的基本原则<br>③精油按摩的注意事项 | | |
| | | | 4）芳香美容护理的注意事项 | | |
| | 1-2 面部刮痧护理 | （1）面部刮痧器具的选用 | 1）刮痧美容概述<br>①刮痧及刮痧美容的概念<br>②刮痧美容的特点<br>③面部刮痧的功效<br>④面部刮痧的常用手法 | （1）方法：讲授法、演示法、实训法<br>（2）重点：面部刮痧的常用手法<br>（3）难点：刮痧器具的使用方法 | 1 |
| | | | 2）刮痧主要器具的种类及使用方法<br>①刮痧主要器具的种类<br>②刮痧器具的使用方法 | | |
| | | （2）面部刮痧护理操作 | 1）面部刮痧护理程序、操作要求及注意事项<br>①面部刮痧的护理程序<br>②面部刮痧的操作要求<br>③面部刮痧的注意事项 | （1）方法：讲授法、演示法、实训法<br>（2）重点与难点：面部常用美容刮痧方法与操作 | 3 |
| | | | 2）面部常用美容刮痧方法与操作<br>①保健驻颜的美容刮痧方法与操作<br>②痤疮的美容刮痧方法与操作<br>③黄褐斑的美容刮痧方法与操作<br>④敏感皮肤的美容刮痧方法与操作 | | |

续表

| 模块 | 课程 | 学习单元 | 课程内容 | 培训建议 | 课堂学时 |
|---|---|---|---|---|---|
| 2. 身体护理 | 2-1 淋巴引流 | 淋巴引流按摩 | 1）淋巴系统基础知识<br>①淋巴系统的组成<br>②毛细淋巴管的特点<br>③淋巴组织的概念<br>④人体主要淋巴结的分布<br>⑤淋巴回流的概念<br>⑥淋巴循环的主要功能<br>⑦淋巴系统阻塞的原因 | （1）方法：讲授法、演示法、实训法<br>（2）重点与难点：各部位淋巴引流手法及方向 | 4 |
| | | | 2）淋巴引流按摩概述<br>①淋巴引流按摩的概念<br>②淋巴引流按摩的特点<br>③淋巴引流按摩的功效 | | |
| | | | 3）淋巴引流按摩操作<br>①淋巴引流按摩基本操作方法<br>②各部位淋巴引流手法及方向<br>③淋巴引流按摩的基本要求<br>④淋巴引流按摩的注意事项<br>⑤淋巴引流按摩的禁忌 | | |
| | 2-2 SPA护理 | SPA护理 | 1）SPA 的概述<br>①SPA 的含义<br>②SPA 的历史与发展历程<br>③SPA 的特点与功效<br>④SPA 的常见类型<br>⑤SPA 的服务项目 | （1）方法：讲授法、演示法、实训法<br>（2）重点与难点：SPA 身体护理疗程 | 4 |
| | | | 2）SPA 的基本流程 | | |
| | | | 3）SPA 身体护理疗程<br>①SPA 身体护理疗程的概念<br>②SPA 身体疗程的特点<br>③SPA 身体疗程的主要步骤 | | |
| | | | 4）SPA 的相关仪器与设施 | | |
| | | | 5）水疗的概念、原理与功效<br>①水疗的概念<br>②水疗的原理与功效 | | |
| | | | 6）常见水疗形式<br>①维其浴的原理与功效<br>②桑拿浴的原理与功效 | | |

续表

| 模块 | 课程 | 学习单元 | 课程内容 | 培训建议 | 课堂学时 |
| --- | --- | --- | --- | --- | --- |
| 2. 身体护理 | 2-3 热石疗法 | （1）热石疗法概述 | 1）热石疗法的概述<br>①热石疗法的概念<br>②热石疗法的原理<br>③热石疗法的功效 | （1）方法：讲授法、演示法、实训法、案例教学法<br>（2）重点与难点：热石按摩的脉轮分布 | 1 |
| | | | 2）热石疗法的石头种类和特性 | | |
| | | | 3）热石按摩的脉轮分布 | | |
| | | | 4）热石疗法的五种元素 | | |
| | | （2）热石疗法操作 | 1）热石疗法的准备工作 | （1）方法：讲授法、演示法、实训法、案例教学法<br>（2）重点与难点：热石疗法的操作技巧 | 6 |
| | | | 2）热石疗法的操作步骤<br>①热石疗法的操作技巧<br>②热石疗法注意事项<br>③热石疗法的禁忌及处理 | | |
| | | | 3）热石疗法后续护理和建议 | | |
| | | | 4）热石疗法的石头保养要求 | | |
| | 2-4 草药球按摩 | 草药球按摩 | 1）草药球按摩概述<br>①草药球按摩的概念<br>②草药球的主要成分 | （1）方法：讲授法、演示法、实训法<br>（2）重点与难点：草药球按摩的操作方法与注意事项 | 6 |
| | | | 2）草药球按摩的功效及适用范围 | | |
| | | | 3）草药球按摩的操作方法与注意事项 | | |
| 3. 修饰美容 | 3-1 美甲 | （1）鉴别指甲疾病 | 1）指甲的基本结构 | （1）方法：讲授法、演示法、实训法、案例教学法<br>（2）重点与难点：常见指甲疾病、失调指甲类型及处理方式 | 4 |
| | | | 2）常见指甲疾病 | | |
| | | | 3）失调指甲类型及处理方式 | | |

续表

<table>
<tr><th>模块</th><th>课程</th><th>学习单元</th><th>课程内容</th><th>培训建议</th><th>课堂学时</th></tr>
<tr><td rowspan="12">3. 修饰美容</td><td rowspan="6">3-1 美甲</td><td rowspan="4">（2）手足、指(趾)甲护理</td><td>1）甲型修整<br>①指甲的外形类型<br>②各类指甲的修整方法</td><td rowspan="4">（1）方法：讲授法、演示法、实训法、案例教学法<br>（2）重点与难点：指（趾）甲护理的操作程序及要领、手（足）部护理操作程序及要领</td><td rowspan="4">8</td></tr>
<tr><td>2）常用的美甲工具的种类、性能及用途</td></tr>
<tr><td>3）指（趾）甲护理的操作程序及要领</td></tr>
<tr><td>4）手（足）部护理<br>①脚茧的成因及减少方法<br>②手（足）部护理操作程序及要领<br>③手（足）部家庭护理的注意事项</td></tr>
<tr><td rowspan="2">（3）甲油、甲油胶涂抹</td><td>1）甲油涂抹<br>①甲油种类及颜色的选择<br>②甲油涂抹要领</td><td rowspan="2">（1）方法：讲授法、演示法、实训法<br>（2）重点与难点：甲油涂抹要领、甲油胶涂抹要领</td><td rowspan="2">5</td></tr>
<tr><td>2）甲油胶涂抹<br>①甲油胶的种类<br>②甲油胶涂抹要领</td></tr>
<tr><td rowspan="4">3-2 矫正化妆</td><td rowspan="4">矫正化妆</td><td>1）矫正化妆的含义</td><td rowspan="4">（1）方法：讲授法、演示法、实训法<br>（2）重点与难点：面部矫正化妆方法、五官矫正化妆方法</td><td rowspan="4">14</td></tr>
<tr><td>2）矫正化妆的原理及原则</td></tr>
<tr><td>3）面部矫正化妆方法<br>①面部纵向比例失调的矫正化妆方法<br>②面部横向比例失调的矫正化妆方法<br>③不同脸型的矫正化妆方法</td></tr>
<tr><td>4）五官矫正化妆方法<br>①眉型的矫正化妆方法<br>②眼型的矫正化妆方法<br>③鼻型的矫正化妆方法<br>④唇型的矫正化妆方法</td></tr>
</table>

续表

| 模块 | 课程 | 学习单元 | 课程内容 | 培训建议 | 课堂学时 |
| --- | --- | --- | --- | --- | --- |
| 3. 修饰美容 | 3–3 晚宴妆 | 晚宴妆 | 1）晚宴妆概述<br>①晚宴妆的概念<br>②晚宴妆的分类<br>③晚宴妆的特点 | （1）方法：讲授法、演示法、实训法<br>（2）重点与难点：晚宴妆的化妆要点及技巧 | 8 |
| | | | 2）晚宴妆的化妆要点及技巧 | | |
| | | | 3）晚宴妆服饰的特点 | | |
| 4. 培训指导与技术管理 | 4–1 培训指导 | （1）培训人员的能力素质要求 | 1）激励及影响他人的能力 | （1）方法：讲授法、演示法、案例教学法<br>（2）重点与难点：激励及影响他人的能力 | 2 |
| | | | 2）沟通、演讲能力 | | |
| | | | 3）授课技巧 | | |
| | | | 4）现场掌控能力 | | |
| | | | 5）诊断及解决问题的能力 | | |
| | | （2）编制培训教案 | 1）编制培训教案的要求 | （1）方法：讲授法、演示法、案例教学法<br>（2）重点与难点：编制培训教案的步骤 | 3 |
| | | | 2）编制培训教案的步骤 | | |
| | | | 3）编制培训教案的影响因素 | | |
| | | （3）指导方法 | 1）三级 / 高级美容师基本素质及要求 | （1）方法：讲授法、演示法、案例教学法<br>（2）重点与难点：指导三级 / 高级美容师的方法 | 1 |
| | | | 2）指导三级 / 高级美容师的方法 | | |
| | 4–2 技术管理 | （1）质量评估及改进 | 1）质量评估标准 | （1）方法：讲授法、演示法、案例教学法<br>（2）重点与难点：质量评估方法 | 1 |
| | | | 2）质量评估方法 | | |
| | | | 3）建议改进方案 | | |
| | | （2）客户关系与市场营销 | 1）消费心理学基础知识 | （1）方法：讲授法、演示法、案例教学法<br>（2）重点与难点：市场营销学基础知识 | 1 |
| | | | 2）市场营销学基础知识 | | |

续表

| 模块 | 课程 | 学习单元 | 课程内容 | 培训建议 | 课堂学时 |
| --- | --- | --- | --- | --- | --- |
| 4. 培训指导与技术管理 | 4-3 经营管理 | 美容院日常店务管理 | 1）管理概述<br>①美容院管理的对象<br>②标准化管理流程 | （1）方法：讲授法、演示法、案例教学法<br>（2）重点：日常运营管理<br>（3）难点：财务管理 | 2 |
| | | | 2）人力资源管理<br>①招聘机制<br>②激励机制<br>③考核机制<br>④成长机制 | | |
| | | | 3）物料用品管理<br>①物品分类方法<br>②采购管理<br>③仓储物流管理<br>④物品领用和管理制度 | | |
| | | | 4）财务管理 | | |
| | | | 5）日常运营管理 | | |
| 课堂学时合计 | | | | | 83 |

## 2.2.6 一级/高级技师职业技能培训课程规范

| 模块 | 课程 | 学习单元 | 课程内容 | 培训建议 | 课堂学时 |
| --- | --- | --- | --- | --- | --- |
| 1. 护理项目开发 | 美容美体护理项目开发 | （1）开发美容美体护理项目 | 1）美容市场发展现况 | （1）方法：讲授法、演示法、案例教学法<br>（2）重点与难点：美容美体项目开发与创新 | 6 |
| | | | 2）美容美体项目开发与创新<br>①高科技在美容领域的应用<br>②美容新产品在护肤美容、整形美容中的应用<br>③美容新设备在美容美体项目中的应用 | | |
| | | （2）制定美容美体项目操作规范及要求 | 1）美容美体项目的操作规范标准 | （1）方法：讲授法、演示法、案例教学法<br>（2）重点与难点：美容美体项目的操作规范标准 | 6 |
| | | | 2）美容美体项目的操作规范要求 | | |

续表

| 模块 | 课程 | 学习单元 | 课程内容 | 培训建议 | 课堂学时 |
| --- | --- | --- | --- | --- | --- |
| 2. 修饰美容 | 2-1 脱毛 | (1) 脱毛基础知识 | 1）人体毛发生理知识概述<br>①人体毛发的形态与结构<br>②人体毛发的分类<br>③人体毛发的分布及生长周期 | （1）方法：讲授法、演示法、实训法<br>（2）重点与难点：暂时性脱毛种类及方法 | 4 |
| | | | 2）脱毛的种类<br>①永久性脱毛<br>②暂时性脱毛 | | |
| | | | 3）暂时性脱毛种类及方法<br>①剃毛原理及方法<br>②脱毛膏脱毛原理及方法<br>③拔毛原理及方法<br>④扣线脱毛原理及方法 | | |
| | | | 4）脱毛产品、工具的分类及选择 | | |
| | | (2) 脱毛操作 | 1）温蜡、软蜡脱毛<br>①温蜡、软蜡脱毛的特点<br>②温蜡、软蜡脱毛前的护理准备工作<br>③温蜡、软蜡脱毛的操作流程<br>④温蜡、软蜡脱毛的方法及注意事项 | （1）方法：讲授法、演示法、实训法<br>（2）重点与难点：身体各部位脱毛的方法及注意事项 | 18 |
| | | | 2）硬蜡脱毛<br>①硬蜡脱毛的特点<br>②硬蜡脱毛前的护理准备工作<br>③硬蜡脱毛的操作流程<br>④硬蜡脱毛的方法及注意事项 | | |
| | | | 3）糖浆脱毛<br>①糖浆脱毛的特点<br>②糖浆脱毛前的护理准备工作<br>③糖浆脱毛的操作流程<br>④糖浆脱毛的方法及注意事项 | | |
| | | | 4）身体各部位脱毛的方法及注意事项 | | |
| | | (3) 脱毛后护理 | 1）脱毛后的护理方法 | （1）方法：讲授法、演示法、实训法<br>（2）重点与难点：脱毛后的护理方法 | 1 |
| | | | 2）脱毛后禁忌、副作用及皮肤修复 | | |

续表

| 模块 | 课程 | 学习单元 | 课程内容 | 培训建议 | 课堂学时 |
| --- | --- | --- | --- | --- | --- |
| 2. 修饰美容 | 2-2 美睫 | （1）美睫基础知识 | 1）睫毛的生理知识<br>①睫毛的生理结构<br>②睫毛的生理功能<br>③睫毛的生长周期及特点 | （1）方法：讲授法、演示法、实训法<br>（2）重点与难点：嫁接睫毛的产品与工具选择 | 1 |
| 2. 修饰美容 | 2-2 美睫 | （1）美睫基础知识 | 2）美睫的常见方式 | （1）方法：讲授法、演示法、实训法<br>（2）重点与难点：嫁接睫毛的产品与工具选择 | 1 |
| 2. 修饰美容 | 2-2 美睫 | （1）美睫基础知识 | 3）嫁接睫毛的产品与工具选择 | （1）方法：讲授法、演示法、实训法<br>（2）重点与难点：嫁接睫毛的产品与工具选择 | 1 |
| 2. 修饰美容 | 2-2 美睫 | （2）美睫操作 | 1）嫁接睫毛<br>①嫁接睫毛的原理及方法<br>②嫁接睫毛的技巧及要求<br>③嫁接睫毛的设计原则<br>④嫁接睫毛的操作步骤及方法 | （1）方法：讲授法、演示法、实训法<br>（2）重点与难点：嫁接睫毛的操作步骤及方法 | 6 |
| 2. 修饰美容 | 2-2 美睫 | （2）美睫操作 | 2）嫁接睫毛操作的注意事项 | （1）方法：讲授法、演示法、实训法<br>（2）重点与难点：嫁接睫毛的操作步骤及方法 | 6 |
| 2. 修饰美容 | 2-2 美睫 | （3）美睫后护理 | 1）嫁接睫毛的维护和注意事项<br>①嫁接睫毛的顾客维护<br>②嫁接睫毛后的维护及修复 | （1）方法：讲授法、演示法、实训法<br>（2）重点与难点：嫁接睫毛的维护和注意事项 | 1 |
| 2. 修饰美容 | 2-2 美睫 | （3）美睫后护理 | 2）卸睫毛的方法和注意事项 | （1）方法：讲授法、演示法、实训法<br>（2）重点与难点：嫁接睫毛的维护和注意事项 | 1 |
| 3. 培训指导与技术管理 | 3-1 培训指导 | （1）培训计划及大纲的编制 | 1）培训计划的编制<br>①编制培训计划的要求<br>②编制培训计划的步骤<br>③编制培训计划的影响因素 | （1）方法：讲授法、演示法、案例教学法<br>（2）重点与难点：培训大纲的编制 | 2 |
| 3. 培训指导与技术管理 | 3-1 培训指导 | （1）培训计划及大纲的编制 | 2）培训大纲的编制 | （1）方法：讲授法、演示法、案例教学法<br>（2）重点与难点：培训大纲的编制 | 2 |
| 3. 培训指导与技术管理 | 3-1 培训指导 | （2）培训实施 | 1）培训设计 | （1）方法：讲授法、演示法、案例教学法<br>（2）重点与难点：培训设计 | 3 |
| 3. 培训指导与技术管理 | 3-1 培训指导 | （2）培训实施 | 2）培训方法<br>①课堂导入的方法<br>②板书设计技能<br>③提问技能 | （1）方法：讲授法、演示法、案例教学法<br>（2）重点与难点：培训设计 | 3 |

续表

| 模块 | 课程 | 学习单元 | 课程内容 | 培训建议 | 课堂学时 |
|---|---|---|---|---|---|
| 3. 培训指导与技术管理 | 3-2 技术管理 | (1) 服务规范流程及创新 | 1) 美容院服务规范要点<br>2) 美容院服务流程<br>3) 创新服务模式与提高服务质量<br>4) 特色服务模式创新途径和方法 | (1) 方法：讲授法、演示法、案例教学法<br>(2) 重点：美容院服务流程<br>(3) 难点：特色服务模式创新途径和方法 | 1 |
| | | (2) 技术创新 | 1) 把握市场动态的途径和方法<br>2) 技术创新的途径和方法 | (1) 方法：讲授法、演示法、案例教学法、讨论法<br>(2) 重点与难点：技术创新的途径和方法 | 1 |
| | | (3) 美容企业质量评价 | 1) 美容企业服务质量评价指标<br>2) 改进质量的方法 | (1) 方法：讲授法、演示法、案例教学法<br>(2) 重点：美容企业服务质量评价指标<br>(3) 难点：改进质量的方法 | 1 |
| 课堂学时合计 | | | | | 51 |

## 2.2.7　培训建议中培训方法说明

1. 讲授法

讲授法指教师主要运用语言方式，系统地向学员传授知识，传播思想观念。即教师通过叙述、描绘、解释、推论来传递信息、传授知识、阐明概念、论证定律和公式，引导学员获取知识，认识和分析问题。

2. 讨论法

讨论法指在教师的指导下，学员以班级或小组为单位，围绕学习单元的内容，对某一专题进行深入探讨，通过讨论或辩论，从而获得知识或巩固知识的一种教学方法，要求教师在讨论结束时对讨论的主题做归纳性总结。

3. 实训法

实训法指学员在教师的指导下巩固知识、运用知识、形成技能技巧的方法。通过实际操作的练习，形成操作技能。

4. 参观法

参观法指教师组织或指导学员进行实地观察、调查、研究和学习，使学员获得新知识或巩固已学知识的教学方法。参观教学法可细分为“准备性参观、并行性参观、总结性参观”等。

5. 演示法

演示法指在教学过程中，教师通过示范操作和讲解使学员获得知识、技能的教学方法。教学中，教师对操作内容进行现场演示，边操作边讲解，强调操作的关键步骤和注意事项，使学员边学边做，理论与技能并重，师生互动，提高学生的学习兴趣和学习效率。

6. 案例教学法

案例教学法指教师通过对案例进行分析，提出问题，分析问题，并找到解决问题的途径和手段，培养学员分析问题、处理问题的能力。

7. 角色扮演法

角色扮演法指学员通过不同角色的扮演，体验自身角色的内涵活动和对方角色的心理，充分展现各种角色的“为”和“位”。在美容师角色扮演中的“角色”一般分为服务者和消费者两大类角色，学员通过角色扮演，学习和运用服务技能，以达到为客人提供服务的标准。

8. 情景表演法

情景表演法指教师在实施培训前事先准备和布置培训现场，并设定情景表演的情景、对话内容及评估标准，通过学员现场的情景表演活动以及教师对活动效果的及时评估，从而达到培训的预期效果。

## 2.3 考核规范

### 2.3.1 职业基本素质培训考核规范

| 考核范围 | 考核比重（%） | 考核内容 | 考核比重（%） | 考核单元 |
|---|---|---|---|---|
| 1. 职业认知与职业素养 | 10 | 1-1　职业认知 | 5 | 职业认知 |
| | | 1-2　职业道德 | | 道德与职业道德 |
| | | 1-3　职业守则 | | 美容师职业守则 |

续表

| 考核范围 | 考核比重（%） | 考核内容 | 考核比重（%） | 考核单元 |
|---|---|---|---|---|
| 1. 职业认知与职业素养 | 10 | 1–4　美容师职业形象 | 5 | （1）美容师的仪表仪态 |
| | | | | （2）美容师的沟通技巧 |
| 2. 美容发展概况 | 5 | 2–1　美容的概念与起源 | 1 | 美容的基本概念 |
| | | 2–2　世界美容发展历史阶段 | 1 | 世界美容发展简史 |
| | | 2–3　中国现代美容发展历史阶段 | 2 | 中国现代美容发展简史 |
| | | 2–4　医学美容简况 | 1 | 现代医学美容的发展 |
| 3. 人体解剖基础知识 | 20 | 3–1　细胞基本知识 | 8 | 细胞基本知识 |
| | | 3–2　人体基本组织知识 | 6 | 人体基本组织知识 |
| | | 3–3　人体器官及系统基本知识 | 6 | 人体器官及系统基本知识 |
| 4. 人体皮肤基础知识 | 25 | 4–1　人体皮肤结构及功能 | 6 | 人体皮肤结构及功能 |
| | | 4–2　人体皮肤生理功能 | 7 | 人体皮肤生理功能及动态变化 |
| | | 4–3　基础皮肤类型及特征 | 12 | 基础皮肤类型及特征 |
| 5. 美容化妆品基础知识 | 25 | 5–1　化妆品概念与原料种类 | 6 | 化妆品原料的种类 |
| | | 5–2　化妆品的分类 | 12 | 化妆品的分类 |
| | | 5–3　化妆品使用的安全知识 | 7 | 化妆品使用的安全知识 |
| 6. 美容院消毒与安全 | 8 | 6–1　细菌与病毒基础知识 | 4 | 细菌与病毒 |
| | | 6–2　美容院卫生要求与常用消毒方法 | 4 | 美容院卫生要求与常用消毒方法 |
| 7. 美容院安全知识 | 2 | 美容院安全知识 | 2 | 美容院安全防火基础知识 |

续表

| 考核范围 | 考核比重（%） | 考核内容 | 考核比重（%） | 考核单元 |
|---|---|---|---|---|
| 8. 相关法律、法规知识 | 5 | 8–1 《中华人民共和国劳动法》相关知识 | 1 | 相关法律、法规知识 |
| | | 8–2 《中华人民共和国劳动合同法》相关知识 | 1 | |
| | | 8–3 《中华人民共和国消费者权益保护法》相关知识 | 1 | |
| | | 8–4 《公共场所卫生管理条例》相关知识 | 2 | |

## 2.3.2 五级 / 初级职业技能培训理论知识考核规范

| 考核范围 | 考核比重（%） | 考核内容 | 考核比重（%） | 考核单元 |
|---|---|---|---|---|
| 1. 接待与咨询 | 20 | 1–1 顾客接待 | 10 | 顾客接待 |
| | | 1–2 服务咨询 | 10 | 服务咨询 |
| 2. 护理美容 | 45 | 2–1 面部护理准备 | 10 | （1）面部护理概述 |
| | | | | （2）面部护理准备工作的主要内容 |
| | | 2–2 面部清洁 | 15 | （1）卸妆 |
| | | | | （2）洁面 |
| | | | | （3）去角质 |
| | | 2–3 面部护理 | 20 | （1）喷雾护理 |
| | | | | （2）面部按摩 |
| | | | | （3）面膜护理 |
| | | | | （4）结束工作 |
| | | | | （5）基础皮肤类型的护理 |

续表

| 考核范围 | 考核比重（%） | 考核内容 | 考核比重（%） | 考核单元 |
|---|---|---|---|---|
| 3. 修饰美容 | 35 | 3-1 素描与色彩 | 15 | 素描与色彩 |
| | | 3-2 化日妆 | 20 | （1）修饰类化妆用品用具 |
| | | | | （2）化妆基本流程及操作规范 |
| | | | | （3）化妆基础技法 |
| | | | | （4）日妆 |

## 2.3.3 五级 / 初级职业技能培训操作技能考核规范

| 考核范围 | 考核比重（%） | 考核内容 | 考核比重（%） | 考核形式 | 选考方式 | 考核时间（分钟） | 重要程度 |
|---|---|---|---|---|---|---|---|
| 1. 接待与咨询 | 10 | 1-1 顾客接待 | 10 | 实操 | 选考 | 10 | Z |
| | | 1-2 服务咨询 | | 实操 | 选考 | | Z |
| 2. 护理美容 | 70 | 2-1 面部护理准备 | 10 | 实操 | 必考 | 60 | X |
| | | 2-2 面部清洁 | 20 | 实操 | 必考 | | X |
| | | 2-3 面部护理 | 40 | 实操 | 必考 | | X |
| 3. 修饰美容 | 20 | 化日妆 | 20 | 实操 | 必考 | 45 | X |

## 2.3.4 四级 / 中级职业技能培训理论知识考核规范

<table>
<tr><th>考核规范</th><th>考核比重（%）</th><th>考核内容</th><th>考核比重（%）</th><th>考核单元</th></tr>
<tr><td rowspan="3">1. 接待与咨询</td><td rowspan="3">10</td><td rowspan="2">1-1 面部皮肤分析</td><td rowspan="2">5</td><td>（1）面部皮肤分析</td></tr>
<tr><td>（2）制定面部护理方案</td></tr>
<tr><td>1-2 身体测量与分析</td><td>5</td><td>身体测量与分析</td></tr>
<tr><td rowspan="4">2. 面部护理</td><td rowspan="4">30</td><td>2-1 损美性皮肤的护理</td><td>10</td><td>损美性皮肤的护理</td></tr>
<tr><td rowspan="2">2-2 眼、唇护理</td><td rowspan="2">10</td><td>（1）眼部护理</td></tr>
<tr><td>（2）唇部护理</td></tr>
<tr><td>2-3 仪器护理</td><td>10</td><td>常见美容仪器的应用</td></tr>
<tr><td rowspan="6">3. 身体护理</td><td rowspan="6">35</td><td>3-1 身体皮肤护理概述</td><td>3</td><td>身体皮肤护理概述</td></tr>
<tr><td>3-2 身体皮肤护理准备</td><td>5</td><td>身体皮肤护理准备</td></tr>
<tr><td>3-3 身体清洁与去角质</td><td>10</td><td>身体清洁与去角质</td></tr>
<tr><td>3-4 身体按摩</td><td>10</td><td>身体按摩</td></tr>
<tr><td>3-5 身体体膜</td><td>5</td><td>身体体膜</td></tr>
<tr><td>3-6 结束工作</td><td>2</td><td>身体基础护理的结束工作</td></tr>
<tr><td rowspan="2">4. 修饰美容</td><td rowspan="2">25</td><td rowspan="2">职业妆</td><td rowspan="2">25</td><td>（1）化妆色彩</td></tr>
<tr><td>（2）化职业妆</td></tr>
</table>

## 2.3.5 四级 / 中级职业技能培训操作技能考核规范

<table>
<tr><th>考核规范</th><th>考核比重（%）</th><th colspan="2">考核内容</th><th>考核比重（%）</th><th>考核形式</th><th>选考方式</th><th>考核时间（分钟）</th><th>重要程度</th></tr>
<tr><td rowspan="2">1. 接待与咨询</td><td rowspan="2">10</td><td colspan="2">1-1 面部皮肤分析</td><td>5</td><td>笔试</td><td>必考</td><td rowspan="2">10</td><td>X</td></tr>
<tr><td colspan="2">1-2 身体测量与分析</td><td>5</td><td>笔试</td><td>必考</td><td>X</td></tr>
<tr><td rowspan="5">2. 面部护理</td><td rowspan="5">35</td><td rowspan="3">2-1 损美性皮肤的护理</td><td>老化皮肤</td><td rowspan="3">15</td><td rowspan="3">实操</td><td rowspan="3">必考（三选一）</td><td rowspan="3">50</td><td rowspan="3">X</td></tr>
<tr><td>毛细血管扩张皮肤</td></tr>
<tr><td>痤疮皮肤</td></tr>
<tr><td colspan="2">2-2 眼、唇护理</td><td>10</td><td>实操</td><td>选考</td><td>30</td><td>X</td></tr>
<tr><td colspan="2">2-3 仪器护理</td><td>10</td><td>实操</td><td>必考</td><td>10</td><td>X</td></tr>
</table>

续表

| 考核规范 | 考核比重（%） | 考核内容 | 考核比重（%） | 考核形式 | 选考方式 | 考核时间（分钟） | 重要程度 |
|---|---|---|---|---|---|---|---|
| 3. 身体护理 | 35 | 3-1 身体皮肤护理准备 | 3 | 实操 | 必考 | 60 | X |
| | | 3-2 身体清洁与去角质 | 5 | 实操 | 必考 | | X |
| | | 3-3 身体按摩 | 15 | 实操 | 必考 | | X |
| | | 3-4 身体体膜 | 10 | 实操 | 必考 | | X |
| | | 3-5 结束工作 | 2 | 实操 | 必考 | | X |
| 4. 修饰美容 | 20 | 职业妆 | 20 | 实操 | 必考 | 45 | X |

### 2.3.6 三级 / 高级职业技能培训理论知识考核规范

| 考核范围 | 考核比重（%） | 考核内容 | 考核比重（%） | 考核单元 |
|---|---|---|---|---|
| 1. 接待与咨询 | 10 | 1-1 美容咨询 | 5 | （1）美容咨询 |
| | | | | （2）家庭护理指导 |
| | | 1-2 项目与产品销售 | 5 | （1）美容顾客诉求类型 |
| | | | | （2）美容服务项目与产品推荐技巧 |
| 2. 面部护理 | 30 | 2-1 常见皮肤病识别 | 10 | 常见皮肤病的识别 |
| | | 2-2 损美性皮肤护理 | 20 | 损美性皮肤护理 |
| 3. 身体护理 | 35 | 3-1 经穴按摩 | 10 | 经穴按摩 |
| | | 3-2 头、肩颈按摩 | 10 | 头、肩颈按摩 |
| | | 3-3 减肥与塑身 | 10 | （1）肥胖体型的诊断 |
| | | | | （2）减肥塑身常用产品和仪器 |
| | | | | （3）制定减肥塑身方案 |
| | | | | （4）蜂窝组织护理 |
| | | 3-4 瑞典式按摩 | 5 | 瑞典式按摩 |
| 4. 修饰美容 | 25 | 新娘妆、新郎妆和伴娘妆 | 25 | （1）新娘妆整体造型特点 |
| | | | | （2）新娘妆、新郎妆、伴娘妆的化妆技巧 |

## 2.3.7 三级 / 高级职业技能培训操作技能考核规范

<table>
<tr><th>考核范围</th><th>考核比重（%）</th><th colspan="2">考核内容</th><th>考核比重（%）</th><th>考核形式</th><th>选考方式</th><th>考核时间（分钟）</th><th>重要程度</th></tr>
<tr><td rowspan="2">1. 接待与咨询</td><td rowspan="2">20</td><td colspan="2">1-1 美容咨询</td><td>10</td><td>口试</td><td>选考</td><td rowspan="2">10</td><td>Y</td></tr>
<tr><td colspan="2">1-2 项目与产品销售</td><td>10</td><td>口试</td><td>选考</td><td>Y</td></tr>
<tr><td rowspan="4">2. 面部护理</td><td rowspan="4">30</td><td colspan="2">2-1 常见皮肤病识别</td><td>5</td><td>实操</td><td>必考</td><td>10</td><td>X</td></tr>
<tr><td rowspan="3">2-2 损美性皮肤护理</td><td>色斑皮肤</td><td rowspan="3">25</td><td rowspan="3">实操</td><td rowspan="3">必考（三选一）</td><td rowspan="3">50</td><td rowspan="3">X</td></tr>
<tr><td>敏感皮肤</td></tr>
<tr><td>日晒伤皮肤</td></tr>
<tr><td rowspan="4">3. 身体护理</td><td rowspan="4">30</td><td colspan="2">3-1 经穴按摩</td><td>5</td><td>实操</td><td>选考</td><td>30</td><td>X</td></tr>
<tr><td colspan="2">3-2 头、肩颈按摩</td><td>5</td><td>实操</td><td>选考</td><td>30</td><td>X</td></tr>
<tr><td colspan="2">3-3 减肥与塑身</td><td>10</td><td>实操</td><td>必考</td><td>30</td><td>X</td></tr>
<tr><td colspan="2">3-4 瑞典式按摩</td><td>10</td><td>实操</td><td>选考</td><td>30</td><td>X</td></tr>
<tr><td>4. 修饰美容</td><td>20</td><td colspan="2">新娘妆、新郎妆和伴娘妆</td><td>20</td><td>实操</td><td>必考</td><td>45</td><td>X</td></tr>
</table>

## 2.3.8 二级 / 技师职业技能培训理论知识考核规范

<table>
<tr><th>考核范围</th><th>考核比重（%）</th><th>考核内容</th><th>考核比重（%）</th><th>考核单元</th></tr>
<tr><td rowspan="4">1. 面部护理</td><td rowspan="4">30</td><td rowspan="2">1-1 面部芳香护理</td><td rowspan="2">15</td><td>（1）面部芳香精油的选用</td></tr>
<tr><td>（2）面部芳香护理操作</td></tr>
<tr><td rowspan="2">1-2 面部刮痧护理</td><td rowspan="2">15</td><td>（1）面部刮痧器具的选用</td></tr>
<tr><td>（2）面部刮痧护理操作</td></tr>
<tr><td rowspan="5">2. 身体护理</td><td rowspan="5">30</td><td>2-1 淋巴引流</td><td>10</td><td>淋巴引流按摩</td></tr>
<tr><td>2-2 SPA 护理</td><td>10</td><td>SPA 护理</td></tr>
<tr><td rowspan="2">2-3 热石疗法</td><td rowspan="2">5</td><td>（1）热石疗法概述</td></tr>
<tr><td>（2）热石疗法操作</td></tr>
<tr><td>2-4 草药球按摩</td><td>5</td><td>草药球按摩</td></tr>
</table>

续表

| 考核范围 | 考核比重（%） | 考核内容 | 考核比重（%） | 考核单元 |
|---|---|---|---|---|
| 3. 修饰美容 | 30 | 3-1　美甲 | 10 | （1）鉴别指甲疾病 |
| | | | | （2）手足、指（趾）甲护理 |
| | | | | （3）甲油、甲油胶涂抹 |
| | | 3-2　矫正化妆 | 10 | 矫正化妆 |
| | | 3-3　晚宴妆 | 10 | 晚宴妆 |
| 4. 培训指导与技术管理 | 10 | 4-1　培训指导 | 4 | （1）培训人员的能力素质要求 |
| | | | | （2）编制培训教案 |
| | | | | （3）指导方法 |
| | | 4-2　技术管理 | 4 | （1）质量评估及改进 |
| | | | | （2）客户关系与市场营销 |
| | | 4-3　经营管理 | 2 | 美容院日常店务管理 |

## 2.3.9　二级 / 技师职业技能培训操作技能考核规范

| 考核范围 | 考核比重（%） | 考核内容 | 考核比重（%） | 考核形式 | 选考方式 | 考核时间（分钟） | 重要程度 |
|---|---|---|---|---|---|---|---|
| 1. 面部护理 | 20 | 1-1　面部芳香护理 | 10 | 实操 | 必考 | 60 | X |
| | | 1-2　面部刮痧护理 | 10 | 实操 | 必考 | 30 | X |
| 2. 身体护理 | 30 | 2-1　淋巴引流 | 10 | 实操 | 必考 | 20 | X |
| | | 2-2　SPA 护理 | 5 | 口试 | 选考 | 10 | Y |
| | | 2-3　热石疗法 | 10 | 实操 | 必考 | 30 | X |
| | | 2-4　草药球按摩 | 5 | 实操 | 必考 | 15 | Y |
| 3. 修饰美容 | 40 | 3-1　美甲 | 15 | 实操 | 必考 | 60 | X |
| | | 3-2　矫正化妆 | 15 | 实操 | 必考 | 60 | X |
| | | 3-3　晚宴妆 | 10 | 实操 | 必考 | | X |
| 4.培训指导与技术管理 | 10 | 4-1　培训指导 | 4 | 口试 | 选考 | 10 | Y |
| | | 4-2　技术管理 | 4 | 口试 | 选考 | | Y |
| | | 4-3　运营管理 | 2 | 口试 | 选考 | | Y |

## 2.3.10 一级 / 高级技师职业技能培训理论知识考核规范

| 考核范围 | 考核比重（%） | 考核内容 | 考核比重（%） | 考核单元 |
|---|---|---|---|---|
| 1. 护理项目开发 | 50 | 美容美体护理项目开发 | 30 | （1）开发美容美体护理项目 |
| | | | 20 | （2）制定美容美体项目操作规范及要求 |
| 2. 修饰美容 | 30 | 2-1 脱毛 | 15 | （1）脱毛基础知识 |
| | | | | （2）脱毛操作 |
| | | | | （3）脱毛后护理 |
| | | 2-2 美睫 | 15 | （1）美睫基础知识 |
| | | | | （2）美睫操作 |
| | | | | （3）美睫后护理 |
| 3. 培训指导与技术管理 | 20 | 3-1 培训指导 | 10 | （1）培训计划及大纲的编制 |
| | | | | （2）培训实施 |
| | | 3-2 技术管理 | 10 | （1）服务规范流程及创新 |
| | | | | （2）技术创新 |
| | | | | （3）美容企业质量评价 |

## 2.3.11 一级 / 高级技师职业技能培训操作技能考核规范

| 考核范围 | 考核比重（%） | 考核内容 | 考核比重（%） | 考核形式 | 选考方式 | 考核时间（分钟） | 重要程度 |
|---|---|---|---|---|---|---|---|
| 1. 护理项目开发 | 15 | 1-1 面部美容护理综合方案制定 | 15 | 笔试 | 必考 | 20 | X |
| | 15 | 1-2 身体美容护理综合方案制定 | 15 | 笔试 | 必考 | 20 | X |
| 2. 修饰美容 | 60 | 2-1 脱毛 | 30 | 实操 | 必考 | 30 | X |
| | | 2-2 美睫 | 30 | 实操 | 必考 | 60 | X |

续表

| 考核范围 | 考核比重（%） | 考核内容 | 考核比重（%） | 考核形式 | 选考方式 | 考核时间（分钟） | 重要程度 |
|---|---|---|---|---|---|---|---|
| 3. 培训指导与技术管理 | 10 | 3-1　培训指导 | 5 | 口试 | 选考 | 10 | Y |
| | | 3-2　技术管理 | 5 | 口试 | 选考 | | Y |

# 附录

## 培训要求与课程规范对照表

## 附录 1　职业基本素质培训要求与课程规范对照表

| 2.1.1　职业基本素质培训要求 | | | 2.2.1　职业基本素质培训课程规范 | | | |
|---|---|---|---|---|---|---|
| 职业基本素质模块（模块） | 培训内容（课程） | 培训细目 | 学习单元 | 课程内容 | 培训建议 | 课堂学时 |
| 1. 职业认知与职业素养 | 1-1　职业认知 | （1）美容行业概述<br>（2）美容师的工作内容 | 职业认知 | 1）美容行业概述<br>①职业概念<br>②职业简介<br>2）美容师的工作内容 | （1）方法：讲授法、参观法、案例教学法<br>（2）重点与难点：美容师的工作内容 | 2 |
| | 1-2　职业道德 | （1）道德<br>（2）职业道德<br>（3）美容师职业道德 | 道德与职业道德 | 1）道德<br>①道德的概念<br>②维持道德的依据<br>③公民道德规范<br>2）职业道德<br>①职业道德的概念<br>②职业道德的作用<br>③服务态度、服务质量、职业道德三者的关系<br>3）美容师职业道德的概念 | （1）方法：讲授法、案例教学法<br>（2）重点与难点：美容师职业道德的概念 | 2 |
| | 1-3　职业守则 | 美容师职业守则 | 美容师职业守则 | 1）美容师职业守则的具体要求<br>①遵纪守法<br>②敬业爱岗<br>③礼貌待客<br>④团结协作<br>⑤诚信公平<br>⑥持续精进<br>2）美容师的安全卫生意识 | （1）方法：讲授法、案例教学法<br>（2）重点与难点：美容师职业守则的具体要求 | 2 |
| | 1-4　美容师职业形象 | （1）美容师职业形象的概念<br>（2）美容师的仪表、仪态<br>（3）美容师的行为举止规范<br>（4）美容师的语言与沟通<br>（5）建立良好关系的途径与方法 | （1）美容师的仪表仪态 | 1）美容师职业形象的概念<br>2）美容师的仪表、仪态要求<br>①美容师的仪表要求<br>②美容师的仪态要求<br>3）美容师的行为举止规范 | （1）方法：讲授法、演示法、实训法、角色扮演法<br>（2）重点与难点：美容师的仪表、仪态要求 | 6 |
| | | | （2）美容师的沟通技巧 | 1）美容师的语言要求与沟通原则<br>①美容师的语言要求<br>②美容师的沟通原则<br>2）建立良好关系的途径与方法<br>3）影响人际关系的行为 | （1）方法：讲授法、演示法、实训法、案例教学法<br>（2）重点：美容师的语言要求<br>（3）难点：建立良好关系的途径与方法 | |

续表

| 2.1.1 职业基本素质培训要求 | | | 2.2.1 职业基本素质培训课程规范 | | | |
|---|---|---|---|---|---|---|
| 职业基本素质模块（模块） | 培训内容（课程） | 培训细目 | 学习单元 | 课程内容 | 培训建议 | 课堂学时 |
| 2. 美容发展概况 | 2–1 美容的概念与起源 | （1）美容业的概念<br>（2）美容师的概念<br>（3）美容的分类<br>（4）生活美容与医学美容的区别<br>（5）美容的起源 | 美容的基本概念 | 1）美容业的概念<br>2）美容师的概念<br>3）美容的分类<br>4）生活美容与医学美容的区别<br>5）美容的起源 | （1）方法：讲授法、案例教学法<br>（2）重点与难点：生活美容与医学美容的区别 | 1 |
| | 2–2 世界美容发展历史阶段 | （1）古代诸国美容文化的特点<br>（2）不同历史时期的世界美容简况<br>（3）近现代世界美容发展的历史阶段 | 世界美容发展简史 | 1）古代诸国美容文化的特点<br>①古代中国美容文化<br>②古代国外美容文化<br>2）不同历史时期的世界美容简况<br>3）近现代世界美容发展的历史阶段 | （1）方法：讲授法、案例教学法<br>（2）重点：古代诸国美容文化的特点<br>（3）难点：不同历史时期的世界美容简况 | 1 |
| | 2–3 中国现代美容发展历史阶段 | （1）20 世纪 80 年代初、中期美容发展概况<br>（2）20 世纪 80 年代中、末期美容发展概况<br>（3）20 世纪 80 年代末期，90 年代初、中期美容发展概况<br>（4）20 世纪 90 年代末期、21 世纪初期美容发展概况 | 中国现代美容发展简史 | 1）20 世纪 80 年代初、中期美容发展概况<br>2）20 世纪 80 年代中、末期美容发展概况<br>3）20 世纪 80 年代末期，90 年代初、中期美容发展概况<br>4）20 世纪 90 年代末期、21 世纪初期美容发展概况 | （1）方法：讲授法、案例教学法<br>（2）重点与难点：20 世纪 90 年代末期、21 世纪初期美容的发展概况 | |
| | 2–4 医学美容简况 | （1）20 世纪医学美容简况<br>（2）21 世纪医学美容简况 | 现代医学美容的发展 | 1）20 世纪不同时期医学美容简况<br>2）21 世纪初期医学美容的发展 | （1）方法：讲授法、案例教学法<br>（2）重点与难点：21 世纪初期医学美容的发展 | |

续表

| 2.1.1 职业基本素质培训要求 | | | 2.2.1 职业基本素质培训课程规范 | | | |
|---|---|---|---|---|---|---|
| 职业基本素质模块（模块） | 培训内容（课程） | 培训细目 | 学习单元 | 课程内容 | 培训建议 | 课堂学时 |
| 3. 人体解剖基础知识 | 3-1 细胞基本知识 | （1）细胞的概念<br>（2）细胞的结构<br>（3）细胞的功能<br>（4）细胞的生长条件 | 细胞基本知识 | 1）细胞的概念<br>2）细胞的结构<br>①细胞膜<br>②细胞质<br>③细胞核<br>3）细胞的功能<br>①繁殖再生<br>②新陈代谢<br>4）细胞的生长条件 | （1）方法：讲授法<br>（2）重点与难点：细胞的结构、细胞的功能 | 1 |
| | 3-2 人体基本组织知识 | （1）人体基本组织的含义<br>（2）人体基本组织的分类 | 人体基本组织知识 | 1）人体基本组织的含义<br>2）人体基本组织的分类<br>①上皮组织<br>②结缔组织<br>③肌肉组织<br>④神经组织 | （1）方法：讲授法<br>（2）重点与难点：人体基本组织的分类 | 1 |
| | 3-3 人体器官及系统基本知识 | （1）器官概述<br>（2）系统概述<br>（3）运动系统<br>（4）神经系统<br>（5）循环系统<br>（6）内分泌系统<br>（7）消化系统<br>（8）泌尿系统<br>（9）呼吸系统<br>（10）生殖系统<br>（11）感觉器的概念 | 人体器官及系统基本知识 | 1）器官概述<br>①器官的概念<br>②器官的分类<br>2）系统概述<br>①系统的概念<br>②系统的分类<br>3）运动系统<br>①运动系统的结构<br>②运动系统的功能<br>4）神经系统<br>①神经系统的结构<br>②神经系统的功能<br>5）循环系统<br>①循环系统的结构<br>②循环系统的功能<br>6）内分泌系统<br>①内分泌系统的结构<br>②内分泌系统的功能<br>7）消化系统<br>①消化系统的结构<br>②消化系统的功能 | （1）方法：讲授法<br>（2）重点与难点：运动系统的功能、神经系统的功能、循环系统的功能、内分泌系统的功能 | 2 |

续表

| 2.1.1 职业基本素质培训要求 | | | 2.2.1 职业基本素质培训课程规范 | | | |
|---|---|---|---|---|---|---|
| 职业基本素质模块（模块） | 培训内容（课程） | 培训细目 | 学习单元 | 课程内容 | 培训建议 | 课堂学时 |
| 3. 人体解剖基础知识 | 3–3 人体器官及系统基本知识 | （1）器官概述<br>（2）系统概述<br>（3）运动系统<br>（4）神经系统<br>（5）循环系统<br>（6）内分泌系统<br>（7）消化系统<br>（8）泌尿系统<br>（9）呼吸系统<br>（10）生殖系统<br>（11）感觉器的概念 | 人体器官及系统基本知识 | 8）泌尿系统<br>①泌尿系统的结构<br>②泌尿系统的功能 | （1）方法：讲授法<br>（2）重点与难点：运动系统的功能、神经系统的功能、循环系统的功能、内分泌系统的功能 | 2 |
| | | | | 9）呼吸系统<br>①呼吸系统的结构<br>②呼吸系统的功能 | | |
| | | | | 10）生殖系统<br>①生殖系统的结构<br>②生殖系统的功能 | | |
| | | | | 11）感觉器的概念 | | |
| 4. 人体皮肤基础知识 | 4–1 人体皮肤结构及功能 | （1）皮肤的结构<br>（2）表皮的结构及功能<br>（3）真皮的结构及功能<br>（4）皮下组织的结构及功能<br>（5）皮肤附属器的结构及功能<br>（6）皮肤的血管、淋巴管、肌肉及神经基础知识 | 人体皮肤结构及功能 | 1）皮肤的结构 | （1）方法：讲授法<br>（2）重点与难点：表皮的结构及功能、真皮的结构及功能 | 3 |
| | | | | 2）表皮的结构及功能 | | |
| | | | | 3）真皮的结构及功能 | | |
| | | | | 4）皮下组织的结构及功能 | | |
| | | | | 5）皮肤附属器的结构及功能 | | |
| | | | | 6）皮肤的血管、淋巴管、肌肉及神经基础知识 | | |
| | 4–2 人体皮肤生理功能 | （1）皮肤的主要生理功能<br>（2）皮肤的动态变化 | 人体皮肤生理功能及动态变化 | 1）皮肤的主要生理功能<br>①皮肤的保护与免疫功能<br>②皮肤的分泌与排泄功能<br>③皮肤的呼吸功能<br>④皮肤的感觉功能<br>⑤皮肤的体温调节功能<br>⑥皮肤的代谢功能 | （1）方法：讲授法、案例教学法<br>（2）重点与难点：皮肤的主要生理功能 | 2 |
| | | | | 2）皮肤的动态变化<br>①年龄所致的皮肤变化<br>②季节所致的皮肤变化<br>③健康状况对皮肤的影响 | | |

续表

| 2.1.1 职业基本素质培训要求 | | | 2.2.1 职业基本素质培训课程规范 | | | |
|---|---|---|---|---|---|---|
| 职业基本素质模块（模块） | 培训内容（课程） | 培训细目 | 学习单元 | 课程内容 | 培训建议 | 课堂学时 |
| 4. 人体皮肤基础知识 | 4–3 基础皮肤类型及特征 | 基础皮肤类型及特征 | 基础皮肤类型及特征 | 1）中性皮肤类型及特征<br>2）干性皮肤类型及特征<br>3）油性皮肤类型及特征<br>4）混合性皮肤类型及特征 | （1）方法：讲授法、案例教学法<br>（2）重点与难点：中性皮肤类型特征 | 2 |
| 5. 美容化妆品基础知识 | 5–1 化妆品概念与原料种类 | （1）化妆品的概念<br>（2）化妆品基质原料的种类<br>（3）化妆品辅助原料的种类 | 化妆品原料的种类 | 1）化妆品的概念<br>2）化妆品基质原料的种类<br>3）化妆品辅助原料的种类 | （1）方法：讲授法<br>（2）重点与难点：化妆品基质原料的种类 | 2 |
| | 5–2 化妆品的分类 | （1）按产品形状分类<br>（2）按产品用途分类 | 化妆品的分类 | 1）按产品形状分类<br>2）按产品用途分类<br>①洁肤类化妆品主要成分、特点和作用<br>②护肤类化妆品主要成分、特点和作用<br>③修饰类化妆品主要成分、特点和作用<br>④特殊用途化妆品主要成分、特点和作用 | （1）方法：讲授法、案例教学法<br>（2）重点与难点：按产品用途分类 | 2 |
| | 5–3 化妆品使用的安全知识 | （1）化妆品质量鉴别的方法<br>（2）化妆品使用的注意事项<br>（3）化妆品二次污染的原因及表现<br>（4）化妆品的保存方法 | 化妆品使用的安全知识 | 1）化妆品质量鉴别的方法<br>2）化妆品使用的注意事项<br>3）化妆品二次污染的原因及表现<br>4）化妆品的保存方法 | （1）方法：讲授法<br>（2）重点．化妆品质量鉴别的方法<br>（3）难点：化妆品二次污染的原因及表现 | 2 |
| 6. 美容院消毒与安全 | 6–1 细菌与病毒基础知识 | （1）细菌基础知识<br>（2）病毒基础知识 | 细菌与病毒 | 1）细菌基础知识<br>①细菌的概念<br>②细菌的分类与形态<br>③细菌的感染途径与方式<br>2）病毒基础知识<br>①病毒的概念<br>②病毒的感染途径与方式 | （1）方法：讲授法<br>（2）重点与难点：细菌的感染途径与方式、病毒的感染途径与方式 | 1 |

续表

| 2.1.1　职业基本素质培训要求 | | | 2.2.1　职业基本素质培训课程规范 | | | |
|---|---|---|---|---|---|---|
| 职业基本素质模块（模块） | 培训内容（课程） | 培训细目 | 学习单元 | 课程内容 | 培训建议 | 课堂学时 |
| 6. 美容院消毒与安全 | 6–2　美容院卫生要求与常用消毒方法 | (1) 美容院室内外环境卫生要求<br>(2) 美容院常用消毒杀菌方法<br>(3) 无菌操作技术<br>(4) 美容师操作时的卫生要求 | 美容院卫生要求与常用消毒方法 | 1）美容院室内外环境卫生要求<br>①室内卫生要求<br>②室外卫生要求<br>2）美容院常用消毒方法<br>①物理消毒杀菌法<br>②化学消毒杀菌法<br>③美容院常用消毒方法和步骤<br>④美容院消毒注意事项<br>3）无菌操作技术<br>4）美容师操作时的卫生要求 | (1) 方法：讲授法、演示法、实训法<br>(2) 重点与难点：美容院室内外环境卫生要求、美容院常用消毒方法 | 2 |
| 7. 美容院安全知识 | 美容院安全知识 | (1) 安全防火基础知识<br>(2) 美容院安全防火 | 美容院安全防火基础知识 | 1）安全防火基础知识<br>①火灾的分类及灭火剂的选择<br>②防火的基本措施<br>③灭火的基本方法<br>④常用灭火器的种类及使用方法<br>2）美容院安全防火<br>①美容院安全防火的重要性<br>②美容院安全防火注意事项<br>③火场逃生方法 | (1) 方法：讲授法、案例教学法<br>(2) 重点与难点：美容院安全防火 | 2 |
| 8. 相关法律、法规知识 | 8–1《中华人民共和国劳动法》相关知识<br>8–2《中华人民共和国劳动合同法》相关知识<br>8–3《中华人民共和国消费者权益保护法》相关知识<br>8–4《公共场所卫生管理条例》相关知识 | (1)《中华人民共和国劳动法》相关知识<br>(2)《中华人民共和国劳动合同法》相关知识<br>(3)《中华人民共和国消费者权益保护法》相关知识<br>(4)《公共场所卫生管理条例》相关知识 | 相关法律、法规知识 | 1）《中华人民共和国劳动法》相关知识<br>2）《中华人民共和国劳动合同法》相关知识<br>3）《中华人民共和国消费者权益保护法》相关知识<br>4）《公共场所卫生管理条例》相关知识 | (1) 方法：讲授法、案例教学法<br>(2) 重点与难点：《中华人民共和国劳动合同法》相关知识、《公共场所卫生管理条例》相关知识 | 2 |
| 课堂学时合计 | | | | | | 38 |

## 附录 2　五级 / 初级职业技能培训要求与课程规范对照表

| 2.1.2　五级 / 初级职业技能培训要求 | | | | 2.2.2　五级 / 初级职业技能培训课程规范 | | | |
|---|---|---|---|---|---|---|---|
| 职业功能模块（模块） | 培训内容（课程） | 技能目标 | 培训细目 | 学习单元 | 课程内容 | 培训建议 | 课堂学时 |
| 1. 接待与咨询 | 1-1　顾客接待 | 能使用礼貌用语及得体方式接待顾客 | （1）前台接待<br>（2）迎送与引导 | 顾客接待 | 1）美容院顾客接待概述<br>①顾客接待的重要性<br>②前台接待的岗位职能<br>③前台接待的基本程序 | （1）方法：讲授法、演示法、实训法、情景表演法<br>（2）重点与难点：美容院接待的内容与要求 | 4 |
| | | | | | 2）美容院接待的内容与要求<br>①前台接待人员的准备工作<br>②美容院常用接待用语<br>③迎送与引导 | | |
| | 1-2　服务咨询 | 1-2-1　能为顾客介绍美容院的主要服务项目 | （1）美容院服务项目介绍<br>（2）美容院电话咨询与预约 | 服务咨询 | 1）美容院咨询的目的与意义 | （1）方法：讲授法、演示法、实训法、情景表演法<br>（2）重点：美容院主要服务项目及基本服务流程<br>（3）难点：美容院顾客资料登记表的主要内容 | 4 |
| | | | | | 2）美容院主要服务项目及基本服务流程<br>①美容院主要服务项目<br>②美容院基本服务流程 | | |
| | | | | | 3）美容院电话咨询与预约<br>①接听咨询电话的技巧<br>②接听咨询电话的基本要求<br>③美容院电话预约的主要内容 | | |
| | | 1-2-2　能填写顾客资料登记表 | 美容院顾客资料登记 | | 4）美容院顾客登记<br>①美容院顾客资料登记表的主要内容<br>②美容院顾客资料登记表填写范例 | | |

续表

| 2.1.2　五级 / 初级职业技能培训要求 | | | | 2.2.2　五级 / 初级职业技能培训课程规范 | | | |
|---|---|---|---|---|---|---|---|
| 职业功能模块（模块） | 培训内容（课程） | 技能目标 | 培训细目 | 学习单元 | 课程内容 | 培训建议 | 课堂学时 |
| 2. 护理美容 | 2-1　面部护理准备 | 能按卫生标准要求进行准备工作 | （1）面部护理工作区域的准备<br>（2）面部护理相关仪器的准备<br>（3）面部护理用品用具的准备<br>（4）美容师的准备<br>（5）顾客的准备 | （1）面部护理概述 | 1）面部护理的概念 | （1）方法：讲授法、演示法、实训法<br>（2）重点与难点：面部护理的基本程序 | 1 |
| | | | | | 2）面部护理的分类 | | |
| | | | | | 3）面部护理的重要性 | | |
| | | | | | 4）面部护理的基本程序 | | |
| | | | | （2）面部护理准备工作的主要内容 | 1）面部护理准备工作的目的与要求 | （1）方法：讲授法、演示法、实训法<br>（2）重点与难点：面部护理准备工作的主要内容 | 5 |
| | | | | | 2）面部护理准备工作的程序 | | |
| | | | | | 3）面部护理准备工作的主要内容<br>①工作区域及相关仪器、用品用具的准备<br>②美容师的准备工作<br>③顾客的准备工作 | | |
| | 2-2　面部清洁 | 2-2-1　能进行面部卸妆 | （1）面部卸妆产品的选择<br>（2）面部卸妆的操作 | （1）卸妆 | 1）面部清洁的目的 | （1）方法：讲授法、演示法、实训法<br>（2）重点与难点：卸妆的操作程序和要求 | 2 |
| | | | | | 2）卸妆产品的分类及作用 | | |
| | | | | | 3）卸妆的操作程序和要求 | | |
| | | 2-2-2　能清洁面部皮肤 | （1）面部清洁用品的选择<br>（2）洁面的操作<br>（3）清洗的操作<br>（4）爽肤的操作 | （2）洁面 | 1）洁面产品的分类及作用 | （1）方法：讲授法、演示法、实训法<br>（2）重点与难点：洁面的操作程序和要求 | 4 |
| | | | | | 2）洁面的操作程序和要求 | | |
| | | | | | 3）清洗的操作程序和要求 | | |
| | | | | | 4）爽肤的目的和方法 | | |

续表

| 2.1.2 五级 / 初级职业技能培训要求 | | | | 2.2.2 五级 / 初级职业技能培训课程规范 | | | |
|---|---|---|---|---|---|---|---|
| 职业功能模块（模块） | 培训内容（课程） | 技能目标 | 培训细目 | 学习单元 | 课程内容 | 培训建议 | 课堂学时 |
| 2. 护理美容 | 2-2 面部清洁 | 2-2-3 能去除面部老化角质 | （1）产品去角质的操作<br>（2）仪器去角质的操作<br>（3）去角质的注意事项 | （3）去角质 | 1）面部去角质概述<br>①去角质的含义<br>②去角质的目的及作用<br>③去角质皮肤的辨识<br>④去角质的分类及原理<br>2）产品去角质的操作方法与技巧<br>①磨砂膏<br>②去角质膏（霜）<br>③去角质液<br>3）仪器去角质的操作方法与技巧<br>4）去角质的注意事项 | （1）方法：讲授法、演示法、实训法<br>（2）重点与难点：产品去角质的操作方法与技巧、仪器去角质的操作方法与技巧 | 2 |
| | 2-3 面部护理 | 2-3-1 能正确使用奥桑（OZME）喷雾仪及冷喷机对面部皮肤进行喷雾 | （1）奥桑喷雾仪的操作<br>（2）奥桑喷雾仪使用注意事项<br>（3）冷喷机的操作<br>（4）冷喷机使用注意事项 | （1）喷雾护理 | 1）奥桑喷雾仪<br>①奥桑喷雾仪的工作原理<br>②奥桑喷雾仪的美容功效<br>③奥桑喷雾仪的操作方法及注意事项<br>④奥桑喷雾仪的日常养护<br>2）冷喷机<br>①冷喷机工作原理及适用范围<br>②冷喷机操作方法及注意事项 | （1）方法：讲授法、演示法、实训法<br>（2）重点与难点：奥桑喷雾仪的操作方法及注意事项、冷喷机的操作方法及注意事项 | 2 |
| | | 2-3-2 能对面部皮肤进行按摩 | （1）面部美容按摩常用穴位取穴<br>（2）面部美容按摩的操作<br>（3）面部美容按摩的注意事项及禁忌 | （2）面部按摩 | 1）面部按摩原理与功效<br>①面部美容按摩概述<br>②面部美容按摩的基本原则及要求<br>2）面部美容按摩常用穴位及功效<br>3）面部美容按摩手法与技巧<br>①面部美容按摩的常用手法与按摩技巧<br>②面部美容按摩的注意事项及禁忌 | （1）方法：讲授法、演示法、实训法<br>（2）重点与难点：面部美容按摩常用穴位及功效、面部美容按摩的常用手法与按摩技巧 | 16 |

续表

| 2.1.2 五级 / 初级职业技能培训要求 | | | | 2.2.2 五级 / 初级职业技能培训课程规范 | | | |
|---|---|---|---|---|---|---|---|
| 职业功能模块（模块） | 培训内容（课程） | 技能目标 | 培训细目 | 学习单元 | 课程内容 | 培训建议 | 课堂学时 |
| 2. 护理美容 | 2-3 面部护理 | 2-3-3 能敷面膜及涂抹面部护肤品 | （1）面膜的选择<br>（2）面膜护理的操作<br>（3）面膜护理的注意事项<br>（4）涂抹面部护肤品 | （3）面膜护理 | 1）面膜的作用原理<br>2）面膜的种类及功效<br>3）面膜护理的操作要求<br>①根据顾客皮肤状况选用面膜<br>②涂敷面膜的方法<br>③清洗面膜的方法<br>4）面膜护理的注意事项<br>5）涂抹面部护肤品 | （1）方法：讲授法、演示法、实训法<br>（2）重点与难点：面膜护理的操作要求 | 3 |
| | | 2-3-4 能按卫生标准进行结束工作 | 面部护理的结束工作 | （4）结束工作 | 1）面部护理结束工作的主要内容<br>2）面部护理结束工作的标准及要求 | （1）方法：讲授法、演示法、实训法<br>（2）重点与难点：面部护理结束工作的标准及要求 | 1 |
| | | 2-3-5 能对基础皮肤类型进行护理 | （1）中性皮肤护理<br>（2）干性皮肤护理<br>（3）油性皮肤护理<br>（4）混合性皮肤护理 | （5）基础皮肤类型的护理 | 1）中性皮肤护理<br>①中性皮肤的形成因素与护理目的<br>②中性皮肤的护理实施方案与家庭保养方案<br>2）干性皮肤护理<br>①干性皮肤的形成因素与护理目的<br>②干性皮肤的护理实施方案与家庭保养方案<br>3）油性皮肤护理<br>①油性皮肤的形成因素与护理目的<br>②油性皮肤的护理实施方案与家庭保养方案<br>4）混合性皮肤护理<br>①混合性皮肤的形成因素与护理目的<br>②混合性皮肤的护理实施方案与家庭保养方案 | （1）方法：讲授法、演示法、实训法<br>（2）重点与难点：干性皮肤的护理实施方案与家庭保养方案、油性皮肤的护理实施方案与家庭保养方案、混合性皮肤的护理实施方案与家庭保养方案 | 16 |

续表

<table>
<tr><th colspan="4">2.1.2　五级 / 初级职业技能培训要求</th><th colspan="4">2.2.2　五级 / 初级职业技能培训课程规范</th></tr>
<tr><th>职业功能模块（模块）</th><th>培训内容（课程）</th><th>技能目标</th><th>培训细目</th><th>学习单元</th><th>课程内容</th><th>培训建议</th><th>课堂学时</th></tr>
<tr><td rowspan="14">3. 修饰美容</td><td rowspan="2">3-1　素描与色彩</td><td rowspan="2">能掌握素描与色彩基础知识</td><td rowspan="2">（1）素描在化妆中的运用<br>（2）色彩在化妆中的运用</td><td rowspan="2">素描与色彩</td><td>1）素描在化妆中的运用<br>①素描基本知识<br>②素描技法在化妆中的运用</td><td rowspan="2">（1）方法：讲授法、演示法、实训法<br>（2）重点与难点：素描技法在化妆中的运用、色彩知识在化妆中的运用</td><td rowspan="2">4</td></tr>
<tr><td>2）色彩在化妆中的运用<br>①色彩基本知识<br>②色彩知识在化妆中的运用</td></tr>
<tr><td rowspan="12">3-2　化日妆</td><td rowspan="2">3-2-1　能正确选择修饰类化妆用品用具</td><td rowspan="2">（1）修饰类化妆用品的选择<br>（2）化妆用具的选择</td><td rowspan="2">（1）修饰类化妆用品用具</td><td>1）修饰类化妆用品的分类及选择</td><td rowspan="2">（1）方法：讲授法、演示法、实训法<br>（2）重点与难点：修饰类化妆用品的分类及选择</td><td rowspan="2">4</td></tr>
<tr><td>2）化妆用具的分类及选择</td></tr>
<tr><td rowspan="6">3-2-2　能掌握基础化妆技巧</td><td rowspan="6">（1）化妆的准备<br>（2）化妆的皮肤清洁护理<br>（3）底妆与定妆的化妆修饰<br>（4）局部化妆修饰</td><td rowspan="4">（2）化妆基本流程及操作规范</td><td>1）化妆的准备工作</td><td rowspan="4">（1）方法：讲授法、演示法、实训法<br>（2）重点与难点：化妆的准备工作</td><td rowspan="4">4</td></tr>
<tr><td>2）化妆的皮肤清洁护理方法</td></tr>
<tr><td>3）五官比例及脸型的特征</td></tr>
<tr><td>4）化妆的基本程序</td></tr>
<tr><td rowspan="2">（3）化妆基础技法</td><td>1）底妆与定妆的化妆修饰<br>①底妆的化妆修饰<br>②定妆的化妆修饰</td><td rowspan="2">（1）方法：讲授法、演示法、实训法<br>（2）重点与难点：底妆与定妆的化妆修饰、局部化妆修饰</td><td rowspan="2">18</td></tr>
<tr><td>2）局部化妆修饰<br>①眉的化妆修饰<br>②眼的化妆修饰<br>③面颊的化妆修饰<br>④唇的化妆修饰</td></tr>
<tr><td rowspan="4">3-2-3　能化日妆</td><td rowspan="4">（1）日妆的常见类型<br>（2）日妆的化妆方法</td><td rowspan="4">（4）日妆</td><td>1）日妆的常见类型</td><td rowspan="4">（1）方法：讲授法、演示法、实训法<br>（2）重点与难点：日妆的程序及操作技巧</td><td rowspan="4">8</td></tr>
<tr><td>2）日妆造型的特点</td></tr>
<tr><td>3）日妆的要求</td></tr>
<tr><td>4）日妆的程序及操作技巧</td></tr>
<tr><td colspan="7">课堂学时合计</td><td>98</td></tr>
</table>

# 附录 3　四级 / 中级职业技能培训要求与课程规范对照表

<table>
<tr><th colspan="4">2.1.3　四级 / 中级职业技能培训要求</th><th colspan="4">2.2.3　四级 / 中级职业技能培训课程规范</th></tr>
<tr><th>职业功能模块（模块）</th><th>培训内容（课程）</th><th>技能目标</th><th>培训细目</th><th>学习单元</th><th>课程内容</th><th>培训建议</th><th>课堂学时</th></tr>
<tr><td rowspan="7">1. 接待与咨询</td><td rowspan="6">1-1　面部皮肤分析</td><td rowspan="4">1-1-1　能运用皮肤检测的主要方法进行皮肤检测及分析</td><td rowspan="4">（1）皮肤检测<br>（2）皮肤分析</td><td rowspan="4">（1）面部皮肤分析</td><td>1）皮肤分析的重要性</td><td rowspan="4">（1）方法：讲授法、演示法、实训法<br>（2）重点：皮肤分析的基本程序<br>（3）难点：皮肤检测的主要方法</td><td rowspan="4">4</td></tr>
<tr><td>2）皮肤检测的主要方法<br>①冷光放大镜灯的作用原理及操作要求<br>②美容透视灯的作用原理及操作要求<br>③美容光纤显微检测仪的作用原理及操作要求</td></tr>
<tr><td>3）皮肤分析的基本程序</td></tr>
<tr><td>4）皮肤分析的注意事项</td></tr>
<tr><td rowspan="2">1-1-2　能根据皮肤分析及结果制定面部护理方案</td><td rowspan="2">（1）面部皮肤分析表的填写<br>（2）面部护理方案的制定</td><td rowspan="2">（2）制定面部护理方案</td><td>1）面部皮肤分析表的主要内容</td><td rowspan="2">（1）方法：讲授法、演示法、实训法<br>（2）重点与难点：面部护理方案制定程序</td><td rowspan="2">2</td></tr>
<tr><td>2）面部护理方案制定程序</td></tr>
<tr><td>1-2　身体测量与分析</td><td>能对身体进行测量与分析</td><td>（1）身体测量<br>（2）体型分析</td><td>身体测量与分析</td><td>1）形体美的概述<br>①形体美的标准<br>②构成体型的三要素<br>③体型的分类<br>④形体美的决定要素<br>2）体型分析与检测<br>①体型分析操作程序<br>②手工测量分析体型的环节<br>③人体各部位的主要测量点<br>④身体皮肤分析表的内容</td><td>（1）方法：讲授法、演示法、实训法、案例教学法<br>（2）重点：人体各部位的主要测量点<br>（3）难点：身体皮肤分析表的内容</td><td>4</td></tr>
</table>

续表

| 2.1.3　四级 / 中级职业技能培训要求 | | | | 2.2.3　四级 / 中级职业技能培训课程规范 | | | |
|---|---|---|---|---|---|---|---|
| 职业功能模块（模块） | 培训内容（课程） | 技能目标 | 培训细目 | 学习单元 | 课程内容 | 培训建议 | 课堂学时 |
| 2. 面部护理 | 2–1　损美性皮肤的护理 | 能进行常见损美性皮肤的护理 | （1）老化皮肤的护理<br>（2）毛细血管扩张皮肤的护理<br>（3）痤疮皮肤的护理 | 损美性皮肤的护理 | 1）老化皮肤的护理<br>①老化皮肤的特征<br>②皱纹的分类<br>③皮肤老化的外在因素<br>④皮肤老化的内在因素<br>⑤老化皮肤的护理目的<br>⑥老化皮肤的护理实施方案<br>⑦老化皮肤的家庭保养方案<br><br>2）毛细血管扩张皮肤的护理<br>①毛细血管扩张皮肤的特征<br>②毛细血管扩张皮肤的成因<br>③毛细血管扩张皮肤的特点<br>④毛细血管扩张皮肤的护理目的<br>⑤毛细血管扩张皮肤的护理实施方案<br>⑥毛细血管扩张皮肤的家庭保养方案<br><br>3）痤疮皮肤的护理<br>①痤疮皮肤的特征<br>②痤疮皮肤的成因<br>③痤疮的分型及特点<br>④痤疮皮肤的护理目的<br>⑤痤疮皮肤的护理实施方案<br>⑥痤疮皮肤的家庭保养方案<br>⑦痤疮的清除方法<br>⑧黑头的清除方法<br>⑨白头的清除方法 | （1）方法：讲授法、演示法、案例教学法<br>（2）重点与难点：老化皮肤的护理实施方案、毛细血管扩张皮肤的护理实施方案、痤疮皮肤的护理实施方案 | 12 |

续表

<table>
<tr><th colspan="4">2.1.3 四级 / 中级职业技能培训要求</th><th colspan="4">2.2.3 四级 / 中级职业技能培训课程规范</th></tr>
<tr><th>职业功能模块（模块）</th><th>培训内容（课程）</th><th>技能目标</th><th>培训细目</th><th>学习单元</th><th>课程内容</th><th>培训建议</th><th>课堂学时</th></tr>
<tr><td rowspan="9">2. 面部护理</td><td rowspan="9">2-2 眼、唇护理</td><td rowspan="9">能进行眼、唇部护理</td><td rowspan="9">（1）眼部护理<br>（2）唇部护理</td><td rowspan="5">（1）眼部护理</td><td>1）眼部护理概述<br>①眼部的生理结构<br>②眼部皮肤的特点</td><td rowspan="5">（1）方法：讲授法、演示法、案例教学法、实训法<br>（2）重点与难点：眼袋的护理方案、黑眼圈的护理方案、鱼尾纹的护理方案</td><td rowspan="5">3</td></tr>
<tr><td>2）眼袋护理<br>①眼袋的分类<br>②眼袋的概念和成因<br>③眼袋的护理方案</td></tr>
<tr><td>3）黑眼圈护理<br>①黑眼圈的概念及成因<br>②黑眼圈的护理方案</td></tr>
<tr><td>4）鱼尾纹护理<br>①鱼尾纹的概念及成因<br>②鱼尾纹的护理方案</td></tr>
<tr><td>5）粟丘疹的处理<br>①粟丘疹的概念及成因<br>②粟丘疹的清理方案</td></tr>
<tr><td rowspan="4">（2）唇部护理</td><td>1）唇部的生理结构及特点</td><td rowspan="4">（1）方法：讲授法、演示法、案例教学法、实训法<br>（2）重点与难点：唇部的护理方案、唇部的家庭保养方法</td><td rowspan="4">3</td></tr>
<tr><td>2）唇部损美问题的成因</td></tr>
<tr><td>3）唇部的护理方案</td></tr>
<tr><td>4）唇部的家庭保养方法</td></tr>
</table>

续表

| 2.1.3 四级 / 中级职业技能培训要求 | | | | 2.2.3 四级 / 中级职业技能培训课程规范 | | | |
|---|---|---|---|---|---|---|---|
| 职业功能模块（模块） | 培训内容（课程） | 技能目标 | 培训细目 | 学习单元 | 课程内容 | 培训建议 | 课堂学时 |
| 2. 面部护理 | 2–3 仪器护理 | 能正确使用真空吸啜仪、阴阳电离子仪、超声波美容仪等进行面部护理 | （1）真空吸啜仪的使用<br>（2）阴阳电离子仪的使用<br>（3）超声波美容仪的使用<br>（4）高频电疗仪的使用 | 常见美容仪器的使用 | 1）真空吸啜仪<br>①真空吸啜仪的结构<br>②真空吸啜仪的工作原理<br>③真空吸啜仪的功效<br>④真空吸啜仪的使用方法<br>⑤使用真空吸啜仪的注意事项<br>2）阴阳电离子仪<br>①阴阳电离子仪的结构<br>②阴阳电离子仪的工作原理<br>③阴阳电离子仪的功效<br>④阴阳电离子仪的使用方法<br>⑤使用阴阳电离子仪的注意事项<br>3）超声波美容仪<br>①超声波美容仪的结构<br>②超声波美容仪的工作原理<br>③超声波美容仪的功效<br>④超声波美容仪的使用方法<br>⑤使用超声波美容仪的注意事项<br>4）高频电疗仪<br>①高频电疗仪的结构<br>②高频电疗仪的工作原理<br>③高频电疗仪的功效<br>④高频电疗仪的使用方法<br>⑤使用高频电疗仪的注意事项 | （1）方法：讲授法、演示法、实训法<br>（2）重点与难点：真空吸啜仪的使用方法与注意事项、阴阳电离子仪的使用方法与注意事项、超声波美容仪的使用方法与注意事项、高频电疗仪的使用方法与注意事项 | 12 |

续表

| 2.1.3 四级/中级职业技能培训要求 | | | | 2.2.3 四级/中级职业技能培训课程规范 | | | |
|---|---|---|---|---|---|---|---|
| 职业功能模块（模块） | 培训内容（课程） | 技能目标 | 培训细目 | 学习单元 | 课程内容 | 培训建议 | 课堂学时 |
| 3. 身体护理 | 3-1 身体皮肤护理概述 | 能制定身体皮肤护理的程序 | （1）身体皮肤护理的程序<br>（2）身体皮肤护理的注意事项 | 身体皮肤护理概述 | 1）身体皮肤护理概述<br>①身体皮肤护理的概念<br>②身体皮肤护理的重要性<br>③身体皮肤护理的常见项目<br>2）身体皮肤护理的程序<br>3）身体皮肤护理的注意事项 | （1）方法：讲授法、演示法、实训法<br>（2）重点与难点：身体皮肤护理的程序与注意事项 | 2 |
| | 3-2 身体皮肤护理准备 | 能进行身体皮肤护理的准备工作 | （1）工作区域及用品用具的准备<br>（2）顾客的准备 | 身体皮肤护理准备 | 1）身体皮肤护理准备工作概况<br>①身体皮肤护理准备工作的目的<br>②身体皮肤护理准备工作的程序<br>③身体皮肤护理准备工作的要求<br>2）工作区域及用品用具的准备<br>3）顾客的准备 | （1）方法：讲授法、演示法、实训法<br>（2）重点与难点：身体皮肤护理准备工作的程序及要求 | 2 |
| | 3-3 身体清洁与去角质 | 能清洁身体皮肤 | （1）身体清洁<br>（2）身体去角质 | 身体清洁与去角质 | 1）身体清洁<br>①身体清洁的目的<br>②身体清洁的步骤<br>2）身体去角质<br>①身体去角质的作用<br>②身体去角质的常用工具和产品<br>③身体重点部位去角质的操作方法<br>④身体去角质的注意事项 | （1）方法：讲授法、演示法、实训法<br>（2）重点：身体清洁的步骤<br>（3）难点：身体重点部位去角质的操作方法、身体去角质的注意事项 | 6 |

续表

| 2.1.3 四级 / 中级职业技能培训要求 | | | | 2.2.3 四级 / 中级职业技能培训课程规范 | | | |
|---|---|---|---|---|---|---|---|
| 职业功能模块（模块） | 培训内容（课程） | 技能目标 | 培训细目 | 学习单元 | 课程内容 | 培训建议 | 课堂学时 |
| 3. 身体护理 | 3-4 身体按摩 | 能对身体进行按摩 | （1）身体按摩常用穴位取穴<br>（2）身体按摩的操作<br>（3）身体按摩的注意事项与禁忌 | 身体按摩 | 1）身体按摩概述<br>①身体各部位生理结构及特点<br>②身体按摩的不同类别与功效<br>③身体按摩的常用穴位<br>2）身体按摩技巧<br>①身体按摩的基础手法<br>②身体按摩的姿态要求<br>③身体按摩的用力技巧<br>3）身体按摩的注意事项与禁忌 | （1）方法：讲授法、演示法、实训法<br>（2）重点：身体按摩的常用穴位、身体按摩的基础手法<br>（3）难点：身体按摩的姿态要求、身体按摩的用力技巧 | 20 |
| | 3-5 身体体膜 | 能涂敷身体体膜 | （1）体膜的选择<br>（2）体膜护理的操作 | 身体体膜 | 1）体膜概述<br>①体膜的种类<br>②体膜的成分<br>③体膜的作用<br>2）体膜护理的操作技巧<br>①体膜护理的操作要求<br>②体膜护理的注意事项<br>③体膜的清洁方法 | （1）方法：讲授法、演示法、实训法<br>（2）重点与难点：体膜护理的操作要求及注意事项 | 8 |
| | 3-6 结束工作 | 能进行身体基础护理的结束工作 | 身体基础护理结束操作 | 身体基础护理的结束工作 | 1）身体基础护理结束工作的内容<br>2）身体基础护理结束工作的标准和要求 | （1）方法：讲授法、演示法、实训法<br>（2）重点与难点：身体基础护理结束工作的标准和要求 | 2 |

续表

<table>
<tr><th colspan="4">2.1.3　四级 / 中级职业技能培训要求</th><th colspan="4">2.2.3　四级 / 中级职业技能培训课程规范</th></tr>
<tr><th>职业功能模块（模块）</th><th>培训内容（课程）</th><th>技能目标</th><th>培训细目</th><th>学习单元</th><th>课程内容</th><th>培训建议</th><th>课堂学时</th></tr>
<tr><td rowspan="5">4. 修饰美容</td><td rowspan="5">职业妆</td><td rowspan="3">能进行化妆色彩配色及化妆品的选择与应用</td><td rowspan="3">化妆色彩的选择</td><td rowspan="3">（1）化妆色彩</td><td>1）化妆色彩的选择与应用<br>①人体色彩的分类及审美特征<br>②化妆品色彩选择的基本原则<br>③常见的化妆配色形式</td><td rowspan="3">（1）方法：讲授法、演示法、实训法、案例教学法<br>（2）重点与难点：化妆色彩的选择与应用</td><td rowspan="3">4</td></tr>
<tr><td>2）光色与妆色的关系</td></tr>
<tr><td>3）不同光源下妆色的特点及变化</td></tr>
<tr><td rowspan="2">能根据不同职业的特点化职业妆</td><td rowspan="2">（1）职业妆的配色<br>（2）职业妆的化妆方法</td><td rowspan="2">（2）化职业妆</td><td>1）职业妆概述<br>①职业妆的概念<br>②职业妆的分类<br>③职业妆的配色要求<br>④职业妆化妆的基本原则</td><td rowspan="2">（1）方法：讲授法、演示法、实训法<br>（2）重点与难点：不同场合职业妆的化妆特点与技巧</td><td rowspan="2">12</td></tr>
<tr><td>2）不同场合职业妆的化妆特点与技巧</td></tr>
<tr><td colspan="7">课堂学时合计</td><td>96</td></tr>
</table>

## 附录 4　三级 / 高级职业技能培训要求与课程规范对照表

<table>
<tr><th colspan="4">2.1.4　三级 / 高级职业技能培训要求</th><th colspan="4">2.2.4　三级 / 高级职业技能培训课程规范</th></tr>
<tr><th>职业功能模块（模块）</th><th>培训内容（课程）</th><th>技能目标</th><th>培训细目</th><th>学习单元</th><th>课程内容</th><th>培训建议</th><th>课堂学时</th></tr>
<tr><td rowspan="3">1. 接待与咨询</td><td rowspan="3">1-1　美容咨询</td><td rowspan="3">1-1-1　能为顾客提供美容咨询</td><td rowspan="3">（1）美容咨询讲解<br>（2）美容咨询答疑<br>（3）纠纷处理</td><td rowspan="3">（1）美容咨询</td><td>1）美容咨询概述<br>①美容咨询的概念<br>②美容咨询的步骤</td><td rowspan="3">（1）方法：讲授法、演示法、案例教学法、情景表演法<br>（2）重点：美容咨询中的咨询技巧、美容咨询中的讲解要点<br>（3）难点：处理纠纷的技巧</td><td rowspan="3">4</td></tr>
<tr><td>2）美容咨询的技巧<br>①美容咨询中的咨询技巧<br>②美容咨询中的讲解要点<br>③美容咨询中常见疑难问题的解答</td></tr>
<tr><td>3）处理纠纷的技巧<br>①避免纠纷的方法<br>②处理纠纷的步骤<br>③影响顾客满意度的要素</td></tr>
</table>

续表

| 2.1.4 三级/高级职业技能培训要求 | | | | 2.2.4 三级/高级职业技能培训课程规范 | | | |
|---|---|---|---|---|---|---|---|
| 职业功能模块（模块） | 培训内容（课程） | 技能目标 | 培训细目 | 学习单元 | 课程内容 | 培训建议 | 课堂学时 |
| 1. 接待与咨询 | 1-1 美容咨询 | 1-1-2 能为顾客提供居家美容护理指导 | 家庭护理指导 | （2）家庭护理指导 | 1）家庭护理指导的作用<br>2）家庭护理指导的内容<br>3）居家养护方法指导的要点 | （1）方法：讲授法、演示法、案例教学法<br>（2）重点与难点：家庭护理指导的内容 | 2 |
| | 1-2 项目与产品销售 | 1-2-1 能通过观察、交流，发现顾客诉求，销售合适的项目和产品 | （1）美容顾客诉求类型判断<br>（2）项目和产品销售 | （1）美容顾客诉求类型 | 1）顾客诉求类型及其特点<br>2）项目和产品销售技巧 | （1）方法：讲授法、演示法、案例教学法<br>（2）重点与难点：顾客诉求类型及其特点 | 2 |
| | | 1-2-2 能根据顾客需求推荐美容服务项目及护肤品 | （1）服务项目与产品推荐<br>（2）接待顾客的技巧 | （2）美容服务项目与产品推荐技巧 | 1）推荐服务项目与产品时的技巧<br>①推荐中细心观察法的技巧<br>②推荐中产品推荐法的技巧<br>③推荐中倾听的技巧<br>2）接待顾客时的原则与技巧 | （1）方法：讲授法、演示法、案例教学法<br>（2）重点：推荐服务项目与产品时的技巧<br>（3）难点：接待顾客时的原则与技巧 | 2 |
| 2. 面部护理 | 2-1 常见皮肤病识别 | 能识别常见的皮肤病 | 常见皮肤病的识别 | 常见皮肤病的识别 | 1）扁平疣的识别<br>2）银屑病的识别<br>3）脂溢性皮炎的识别<br>4）单纯性疱疹的识别<br>5）汗管腺瘤的识别<br>6）毛周角化病的识别 | （1）方法：讲授法、案例教学法<br>（2）重点与难点：扁平疣、银屑病、脂溢性皮炎、单纯性疱疹、汗管腺瘤及毛周角化病的识别 | 2 |
| | 2-2 损美性皮肤护理 | 能针对损美性皮肤制定护理方案 | （1）色斑皮肤的护理<br>（2）敏感皮肤的护理<br>（3）日晒伤皮肤的护理 | 损美性皮肤护理 | 1）色斑皮肤的基本概念与护理方案<br>①色斑的概念与分类<br>②黑色素代谢的生理过程<br>③影响黑色素生成的因素<br>④黄褐斑的定义及成因<br>⑤雀斑的定义及成因<br>⑥瑞尔黑变病及炎症后色素沉着的成因<br>⑦色斑皮肤的护理目的<br>⑧色斑皮肤的护理实施方案<br>⑨色斑皮肤的家庭保养方案 | （1）方法：讲授法、演示法、案例教学法<br>（2）重点与难点：色斑皮肤的护理实施方案、敏感皮肤的护理实施方案、日晒伤皮肤的护理实施方案 | 12 |

续表

| 2.1.4　三级 / 高级职业技能培训要求 | | | | 2.2.4　三级 / 高级职业技能培训课程规范 | | | |
|---|---|---|---|---|---|---|---|
| 职业功能模块（模块） | 培训内容（课程） | 技能目标 | 培训细目 | 学习单元 | 课程内容 | 培训建议 | 课堂学时 |
| 2. 面部护理 | 2-2　损美性皮肤护理 | 能针对损美性皮肤制定护理方案 | （1）色斑皮肤的护理<br>（2）敏感皮肤的护理<br>（3）日晒伤皮肤的护理 | 损美性皮肤护理 | 2）敏感皮肤的基本概念与护理方案<br>①敏感皮肤的概念、成因及特点<br>②敏感皮肤的护理目的<br>③敏感皮肤的护理实施方案<br>④敏感皮肤护理时的注意事项<br>⑤敏感皮肤的家庭保养方案<br>3）日晒伤皮肤的基本概念与护理方案<br>①日晒伤皮肤的概念、成因及特点<br>②防晒化妆品的选择<br>③日晒伤皮肤的护理目的<br>④日晒伤皮肤的护理实施方案<br>⑤日晒伤皮肤的家庭保养方案 | （1）方法：讲授法、演示法、案例教学法<br>（2）重点与难点：色斑皮肤的护理实施方案、敏感皮肤的护理实施方案、日晒伤皮肤的护理实施方案 | 12 |
| 3. 身体护理 | 3-1　经穴按摩 | 能运用经穴按摩手法进行身体按摩 | （1）抹法的操作<br>（2）推法的操作<br>（3）点法的操作<br>（4）拿法的操作<br>（5）振法的操作 | 经穴按摩 | 1）经穴美容按摩基本概念<br>①传统经穴美容按摩法的概念<br>②经穴美容按摩的美容功效<br>③经穴美容按摩的注意事项<br>2）经穴按摩的常用手法、动作要领及主要功效<br>①抹法的动作要领及主要功效<br>②推法的动作要领及主要功效<br>③点法的动作要领及主要功效<br>④拿法的动作要领及主要功效<br>⑤振法的动作要领及主要功效 | （1）方法：讲授法、演示法、实训法<br>（2）重点与难点：经穴按摩的常用手法、动作要领及主要功效 | 8 |

续表

<table>
<tr><td colspan="4">2.1.4　三级 / 高级职业技能培训要求</td><td colspan="4">2.2.4　三级 / 高级职业技能培训课程规范</td></tr>
<tr><td>职业功能模块（模块）</td><td>培训内容（课程）</td><td>技能目标</td><td>培训细目</td><td>学习单元</td><td>课程内容</td><td>培训建议</td><td>课堂学时</td></tr>
<tr><td rowspan="9">3. 身体护理</td><td rowspan="3">3-2 头、肩颈按摩</td><td rowspan="3">能对身体的头、肩颈部位进行按摩</td><td rowspan="3">（1）头部按摩<br>（2）肩颈部按摩</td><td rowspan="3">头、肩颈按摩</td><td>1）头部按摩<br>①头部的生理结构特点<br>②头部按摩的作用<br>③头部经络<br>④头部常用穴位与功效<br>⑤头部按摩的手法与步骤</td><td rowspan="3">（1）方法：讲授法、演示法、实训法<br>（2）重点与难点：头部常用穴位与功效、头部按摩的手法与步骤、肩颈部常用穴位与功效、肩颈部按摩的手法与步骤</td><td rowspan="3">4</td></tr>
<tr><td>2）肩颈部按摩<br>①肩颈部的生理结构特点<br>②肩颈部按摩的作用<br>③肩颈部经络<br>④肩颈部常用穴位与功效<br>⑤肩颈部按摩的手法与步骤</td></tr>
<tr><td>3）头部、肩颈部按摩的注意事项</td></tr>
<tr><td rowspan="6">3-3 减肥与塑身</td><td rowspan="2">3-3-1 能根据肥胖的判断标准分析肥胖体型</td><td rowspan="2">（1）肥胖的判断<br>（2）肥胖体型分析</td><td rowspan="2">（1）肥胖体型的诊断</td><td>1）肥胖的基本知识<br>①肥胖的含义<br>②肥胖的分类及成因<br>③肥胖的危害与预防</td><td rowspan="2">（1）方法：讲授法、演示法、实训法<br>（2）重点与难点：肥胖的判断标准与肥胖体型分析方法</td><td rowspan="2">2</td></tr>
<tr><td>2）肥胖的判断标准与肥胖体型分析方法<br>①肥胖的判断标准<br>②肥胖体型分析方法</td></tr>
<tr><td rowspan="4">3-3-2 能根据顾客需求选择和使用美体仪器和产品</td><td rowspan="4">（1）热能减肥仪的操作<br>（2）电子减肥仪的操作<br>（3）振动推脂仪的操作</td><td rowspan="4">（2）减肥塑身常用产品和仪器</td><td>1）减肥产品的成分及作用<br>①减肥产品的成分<br>②减肥产品的作用</td><td rowspan="4">（1）方法：讲授法、演示法、实训法<br>（2）重点与难点：热能减肥仪的功能、操作步骤及禁忌，电子减肥仪的功能、操作步骤及禁忌，振动推脂仪的功能、操作步骤及禁忌</td><td rowspan="4">8</td></tr>
<tr><td>2）热能减肥仪的功能、操作步骤及禁忌<br>①热能减肥仪的工作原理及功能<br>②热能减肥仪的操作步骤与方法<br>③热能减肥仪的禁忌</td></tr>
<tr><td>3）电子减肥仪的功能、操作步骤及禁忌<br>①电子减肥仪的工作原理及功能<br>②电子减肥仪的操作步骤与方法<br>③电子减肥仪的禁忌</td></tr>
<tr><td>4）振动推脂仪的功能、操作步骤及禁忌<br>①振动推脂仪的工作原理及功能<br>②振动推脂仪的操作步骤与方法<br>③振动推脂仪的禁忌</td></tr>
</table>

续表

<table>
<tr><th colspan="4">2.1.4　三级 / 高级职业技能培训要求</th><th colspan="4">2.2.4　三级 / 高级职业技能培训课程规范</th></tr>
<tr><th>职业功能模块（模块）</th><th>培训内容（课程）</th><th>技能目标</th><th>培训细目</th><th>学习单元</th><th>课程内容</th><th>培训建议</th><th>课堂学时</th></tr>
<tr><td rowspan="9">3. 身体护理</td><td rowspan="5">3-3　减肥与塑身</td><td rowspan="3">3-3-3　能制定减肥塑身方案并进行减肥塑身护理</td><td rowspan="3">（1）减肥塑身护理<br>（2）减肥塑身按摩</td><td rowspan="3">（3）制定减肥塑身方案</td><td>1）减肥塑身方法及护理程序<br>①常见的减肥塑身方法<br>②减肥塑身护理操作程序</td><td rowspan="3">（1）方法：讲授法、演示法、实训法<br>（2）重点与难点：减肥塑身的方法及护理程序</td><td rowspan="3">8</td></tr>
<tr><td>2）减肥塑身按摩<br>①减肥塑身按摩的作用<br>②常用减肥塑身穴位<br>③常用按摩减肥手法</td></tr>
<tr><td>3）减肥塑身护理的注意事项</td></tr>
<tr><td rowspan="2">3-3-4　能进行蜂窝组织护理</td><td rowspan="2">蜂窝组织护理</td><td rowspan="2">（4）蜂窝组织护理</td><td>1）蜂窝组织概述<br>①蜂窝组织的概念<br>②蜂窝组织的成因</td><td rowspan="2">（1）方法：讲授法、演示法、实训法<br>（2）重点与难点：蜂窝组织护理</td><td rowspan="2">2</td></tr>
<tr><td>2）蜂窝组织护理<br>①蜂窝组织的护理操作方法<br>②蜂窝组织的护理禁忌</td></tr>
<tr><td rowspan="4">3-4　瑞典式按摩</td><td rowspan="4">能对身体进行瑞典式按摩</td><td rowspan="4">（1）瑞典式按摩的操作<br>（2）瑞典式按摩的禁忌</td><td rowspan="4">瑞典式按摩</td><td>1）瑞典式按摩的概念与原理<br>①瑞典式按摩的概念<br>②瑞典式按摩的原理</td><td rowspan="4">（1）方法：讲授法、演示法、实训法<br>（2）重点与难点：瑞典式按摩基本手法</td><td rowspan="4">8</td></tr>
<tr><td>2）瑞典式按摩特点与功效<br>①瑞典式按摩特点<br>②瑞典式按摩功效</td></tr>
<tr><td>3）瑞典式按摩基本手法</td></tr>
<tr><td>4）瑞典式按摩禁忌</td></tr>
<tr><td rowspan="5">4. 修饰美容</td><td rowspan="5">新娘妆、新郎妆和伴娘妆</td><td rowspan="5">能根据整体造型的要求完成新娘妆的发型、服饰搭配</td><td rowspan="5">（1）新娘妆礼服搭配<br>（2）新娘妆发型搭配</td><td rowspan="5">（1）新娘妆整体造型特点</td><td>1）新娘妆的概念</td><td rowspan="5">（1）方法：讲授法、演示法、案例教学法<br>（2）重点与难点：新娘妆整体造型的搭配技巧</td><td rowspan="5">6</td></tr>
<tr><td>2）新娘妆的特点</td></tr>
<tr><td>3）新娘礼服的特点</td></tr>
<tr><td>4）新娘发型的特点</td></tr>
<tr><td>5）新娘妆整体造型的搭配技巧</td></tr>
</table>

续表

| 2.1.4 三级/高级职业技能培训要求 | | | | 2.2.4 三级/高级职业技能培训课程规范 | | | |
|---|---|---|---|---|---|---|---|
| 职业功能模块（模块） | 培训内容（课程） | 技能目标 | 培训细目 | 学习单元 | 课程内容 | 培训建议 | 课堂学时 |
| 4. 修饰美容 | 新娘妆、新郎妆和伴娘妆 | 能根据妆面要求采用不同的工具、色彩和线条完成新娘妆、新郎妆及伴娘妆 | （1）新娘妆的化妆方法<br>（2）新郎妆的化妆方法<br>（3）伴娘妆的化妆方法 | （2）新娘妆、新郎妆、伴娘妆的化妆技巧 | 1）新娘妆<br>①新娘妆的妆前护理<br>②新娘妆的化妆要点及技巧<br>③新娘妆的补妆技巧<br>④新娘妆的注意事项 | （1）方法：讲授法、演示法、实训法<br>（2）重点与难点：新娘妆的化妆要点及技巧 | 16 |
| | | | | | 2）新郎妆<br>①新郎妆的特点<br>②新郎妆的化妆要点 | | |
| | | | | | 3）伴娘妆<br>①伴娘妆的特点<br>②伴娘妆的化妆要点 | | |
| 课堂学时合计 | | | | | | | 86 |

## 附录5 二级/技师职业技能培训要求与课程规范对照表

| 2.1.5 二级/技师职业技能培训要求 | | | | 2.2.5 二级/技师职业技能培训课程规范 | | | |
|---|---|---|---|---|---|---|---|
| 职业功能模块（模块） | 培训内容（课程） | 技能目标 | 培训细目 | 学习单元 | 课程内容 | 培训建议 | 课堂学时 |
| 1. 面部护理 | 1-1 面部芳香护理 | 1-1-1 能根据面部皮肤情况选用芳香精油 | （1）芳香精油的选择<br>（2）芳香精油的使用 | （1）面部芳香精油的选用 | 1）芳香疗法的作用原理 | （1）方法：讲授法、演示法、实训法<br>（2）重点与难点：常见的精油使用方法 | 3 |
| | | | | | 2）芳香精油的类型、特点及功效<br>①芳香精油的类型<br>②芳香精油的特点<br>③芳香精油的功效<br>④基础油的作用 | | |
| | | | | | 3）常见的精油使用方法<br>①熏香法<br>②沐浴法<br>③擦拭按摩法<br>④精油湿敷法<br>⑤日常护肤品<br>⑥喷雾法 | | |

续表

<table>
<tr><th colspan="4">2.1.5 二级 / 技师职业技能培训要求</th><th colspan="4">2.2.5 二级 / 技师职业技能培训课程规范</th></tr>
<tr><th>职业功能模块（模块）</th><th>培训内容（课程）</th><th>技能目标</th><th>培训细目</th><th>学习单元</th><th>课程内容</th><th>培训建议</th><th>课堂学时</th></tr>
<tr><td rowspan="8">1. 面部护理</td><td rowspan="4">1-1 面部芳香护理</td><td rowspan="4">1-1-2 能进行面部芳香护理</td><td rowspan="4">（1）芳香美容护理准备<br>（2）芳香美容护理精油调配<br>（3）面部精油按摩的操作</td><td rowspan="4">（2）面部芳香护理操作</td><td>1）芳香美容护理准备工作的内容</td><td rowspan="4">（1）方法：讲授法、演示法、实训法<br>（2）重点与难点：面部精油按摩的操作技巧</td><td rowspan="4">6</td></tr>
<tr><td>2）芳香美容护理调配精油的原则</td></tr>
<tr><td>3）面部精油按摩的操作技巧<br>①精油按摩的要领<br>②精油按摩的基本原则<br>③精油按摩的注意事项</td></tr>
<tr><td>4）芳香美容护理的注意事项</td></tr>
<tr><td rowspan="4">1-2 面部刮痧护理</td><td rowspan="2">1-2-1 能根据面部皮肤情况选用刮痧器具</td><td rowspan="2">刮痧主要器具的选择</td><td rowspan="2">（1）面部刮痧器具的选用</td><td>1）刮痧美容概述<br>①刮痧及刮痧美容的概念<br>②刮痧美容的特点<br>③面部刮痧的功效<br>④面部刮痧的常用手法</td><td rowspan="2">（1）方法：讲授法、演示法、实训法<br>（2）重点：面部刮痧的常用手法<br>（3）难点：刮痧器具的使用方法</td><td rowspan="2">1</td></tr>
<tr><td>2）刮痧主要器具的种类及使用方法<br>①刮痧主要器具的种类<br>②刮痧器具的使用方法</td></tr>
<tr><td rowspan="2">1-2-2 能进行面部刮痧</td><td rowspan="2">（1）保健驻颜的美容刮痧操作<br>（2）痤疮的美容刮痧操作<br>（3）黄褐斑的美容刮痧操作<br>（4）敏感皮肤的美容刮痧操作</td><td rowspan="2">（2）面部刮痧护理操作</td><td>1）面部刮痧护理程序、操作要求及注意事项<br>①面部刮痧的护理程序<br>②面部刮痧的操作要求<br>③面部刮痧的注意事项</td><td rowspan="2">（1）方法：讲授法、演示法、实训法<br>（2）重点与难点：面部常用美容刮痧方法与操作</td><td rowspan="2">3</td></tr>
<tr><td>2）面部常用美容刮痧方法与操作<br>①保健驻颜的美容刮痧方法与操作<br>②痤疮的美容刮痧方法与操作<br>③黄褐斑的美容刮痧方法与操作<br>④敏感皮肤的美容刮痧方法与操作</td></tr>
</table>

续表

| 2.1.5　二级 / 技师职业技能培训要求 | | | | 2.2.5　二级 / 技师职业技能培训课程规范 | | | |
|---|---|---|---|---|---|---|---|
| 职业功能模块（模块） | 培训内容（课程） | 技能目标 | 培训细目 | 学习单元 | 课程内容 | 培训建议 | 课堂学时 |
| 2. 身体护理 | 2-1　淋巴引流 | 能运用淋巴引流技法进行面部按摩 | （1）淋巴引流按摩的操作<br>（2）淋巴引流按摩的禁忌 | 淋巴引流按摩 | 1）淋巴系统基础知识<br>①淋巴系统的组成<br>②毛细淋巴管的特点<br>③淋巴组织的概念<br>④人体主要淋巴结的分布<br>⑤淋巴回流的概念<br>⑥淋巴循环的主要功能<br>⑦淋巴系统阻塞的原因 | （1）方法：讲授法、演示法、实训法<br>（2）重点与难点：各部位淋巴引流手法及方向 | 4 |
| | | | | | 2）淋巴引流按摩概述<br>①淋巴引流按摩的概念<br>②淋巴引流按摩的特点<br>③淋巴引流按摩的功效 | | |
| | | | | | 3）淋巴引流按摩操作<br>①淋巴引流按摩基本操作方法<br>②各部位淋巴引流手法及方向<br>③淋巴引流按摩的基本要求<br>④淋巴引流按摩的注意事项<br>⑤淋巴引流按摩的禁忌 | | |
| | 2-2　SPA 护理 | 能根据顾客的身体状况和需要推荐和进行 SPA 项目 | （1）SPA 身体护理的操作<br>（2）水疗的操作 | SPA 护理 | 1）SPA 的概述<br>① SPA 的含义<br>② SPA 的历史与发展历程<br>③ SPA 的特点与功效<br>④ SPA 的常见类型<br>⑤ SPA 的服务项目 | （1）方法：讲授法、演示法、实训法<br>（2）重点与难点：SPA 身体护理疗程 | 4 |
| | | | | | 2）SPA 的基本流程 | | |
| | | | | | 3）SPA 身体护理疗程<br>① SPA 身体护理疗程的概念<br>② SPA 身体疗程的特点<br>③ SPA 身体疗程的主要步骤 | | |
| | | | | | 4）SPA 的相关仪器与设施 | | |
| | | | | | 5）水疗的概念、原理与功效<br>①水疗的概念<br>②水疗的原理与功效 | | |
| | | | | | 6）常见水疗形式<br>①维其浴的原理与功效<br>②桑拿浴的原理与功效 | | |

续表

| 2.1.5 二级 / 技师职业技能培训要求 | | | | 2.2.5 二级 / 技师职业技能培训课程规范 | | | |
|---|---|---|---|---|---|---|---|
| 职业功能模块（模块） | 培训内容（课程） | 技能目标 | 培训细目 | 学习单元 | 课程内容 | 培训建议 | 课堂学时 |
| 2. 身体护理 | 2–3 热石疗法 | 2–3–1 能根据顾客身体状况和需要推荐热石疗法 | （1）热石疗法推荐<br>（2）热石疗法的石头选择 | （1）热石疗法概述 | 1）热石疗法的概述<br>①热石疗法的概念<br>②热石疗法的原理<br>③热石疗法的功效<br>2）热石疗法的石头种类和特性<br>3）热石按摩的脉轮分布<br>4）热石疗法的五种元素 | （1）方法：讲授法、演示法、实训法、案例教学法<br>（2）重点与难点：热石按摩的脉轮分布 | 1 |
| | | 2–3–2 能根据顾客身体状况进行热石疗法 | （1）热石疗法的准备<br>（2）热石疗法的操作<br>（3）热石疗法后续护理和建议<br>（4）热石疗法的石头保养 | （2）热石疗法操作 | 1）热石疗法的准备工作<br>2）热石疗法的操作步骤<br>①热石疗法的操作技巧<br>②热石疗法注意事项<br>③热石疗法的禁忌及处理<br>3）热石疗法后续护理和建议<br>4）热石疗法的石头保养要求 | （1）方法：讲授法、演示法、实训法、案例教学法<br>（2）重点与难点：热石疗法的操作技巧 | 6 |
| | 2–4 草药球按摩 | 能运用草药球的功效进行身体按摩 | 草药球按摩的操作 | 草药球按摩 | 1）草药球按摩概述<br>①草药球按摩的概念<br>②草药球的主要成分<br>2）草药球按摩的功效及适用范围<br>3）草药球按摩的操作方法与注意事项 | （1）方法：讲授法、演示法、实训法<br>（2）重点与难点：草药球按摩的操作方法与注意事项 | 6 |

续表

<table>
<tr><td colspan="4">2.1.5　二级 / 技师职业技能培训要求</td><td colspan="4">2.2.5　二级 / 技师职业技能培训课程规范</td></tr>
<tr><td>职业功能模块（模块）</td><td>培训内容（课程）</td><td>技能目标</td><td>培训细目</td><td>学习单元</td><td>课程内容</td><td>培训建议</td><td>课堂学时</td></tr>
<tr><td rowspan="13">3. 修饰美容</td><td rowspan="9">3-1　美甲</td><td rowspan="3">3-1-1　能鉴别指甲疾病及失调指甲类型</td><td rowspan="3">（1）常见指甲疾病鉴别<br>（2）失调指甲的处理</td><td rowspan="3">（1）鉴别指甲疾病</td><td>1）指甲的基本结构</td><td rowspan="3">（1）方法：讲授法、演示法、实训法、案例教学法<br>（2）重点与难点：常见指甲疾病、失调指甲类型及处理方式</td><td rowspan="3">4</td></tr>
<tr><td>2）常见指甲疾病</td></tr>
<tr><td>3）失调指甲类型及处理方式</td></tr>
<tr><td rowspan="4">3-1-2　能运用美甲工具进行手足、指（趾）甲护理</td><td rowspan="4">（1）甲型修整<br>（2）手足、指（趾）甲护理</td><td rowspan="4">（2）手足、指（趾）甲护理</td><td>1）甲型修整<br>①指甲的外形类型<br>②各类指甲的修整方法</td><td rowspan="4">（1）方法：讲授法、演示法、实训法、案例教学法<br>（2）重点与难点：指（趾）甲护理的操作程序及要领、手（足）部护理操作程序及要领</td><td rowspan="4">8</td></tr>
<tr><td>2）常用的美甲工具的种类、性能及用途</td></tr>
<tr><td>3）指（趾）甲护理的操作程序及要领</td></tr>
<tr><td>4）手（足）部护理<br>①脚茧的成因及减少方法<br>②手（足）部护理操作程序及要领<br>③手（足）部家庭护理的注意事项</td></tr>
<tr><td rowspan="2">3-1-3　能运用不同种类的甲油、甲油胶进行修饰涂抹</td><td rowspan="2">（1）甲油涂抹<br>（2）甲油胶涂抹</td><td rowspan="2">（3）甲油、甲油胶涂抹</td><td>1）甲油涂抹<br>①甲油种类及颜色的选择<br>②甲油涂抹要领</td><td rowspan="2">（1）方法：讲授法、演示法、实训法<br>（2）重点与难点：甲油涂抹要领、甲油胶涂抹要领</td><td rowspan="2">5</td></tr>
<tr><td>2）甲油胶涂抹<br>①甲油胶的种类<br>②甲油胶涂抹要领</td></tr>
<tr><td rowspan="4">3-2　矫正化妆</td><td rowspan="4">能根据顾客的皮肤、脸型、五官等特点进行矫正化妆</td><td rowspan="4">（1）面部矫正化妆<br>（2）五官矫正化妆</td><td rowspan="4">矫正化妆</td><td>1）矫正化妆的含义</td><td rowspan="4">（1）方法：讲授法、演示法、实训法<br>（2）重点与难点：面部矫正化妆方法、五官矫正化妆方法</td><td rowspan="4">14</td></tr>
<tr><td>2）矫正化妆的原理及原则</td></tr>
<tr><td>3）面部矫正化妆方法<br>①面部纵向比例失调的矫正化妆方法<br>②面部横向比例失调的矫正化妆方法<br>③不同脸型的矫正化妆方法</td></tr>
<tr><td>4）五官矫正化妆方法<br>①眉型的矫正化妆方法<br>②眼型的矫正化妆方法<br>③鼻型的矫正化妆方法<br>④唇型的矫正化妆方法</td></tr>
</table>

续表

| 2.1.5 二级 / 技师职业技能培训要求 | | | | 2.2.5 二级 / 技师职业技能培训课程规范 | | | |
|---|---|---|---|---|---|---|---|
| 职业功能模块（模块） | 培训内容（课程） | 技能目标 | 培训细目 | 学习单元 | 课程内容 | 培训建议 | 课堂学时 |
| 3. 修饰美容 | 3–3 晚宴妆 | 能根据主题进行晚宴妆的设计 | （1）晚宴妆的化妆方法<br>（2）晚宴妆的服饰搭配 | 晚宴妆 | 1）晚宴妆概述<br>①晚宴妆的概念<br>②晚宴妆的分类<br>③晚宴妆的特点 | （1）方法：讲授法、演示法、实训法<br>（2）重点与难点：晚宴妆的化妆要点及技巧 | 8 |
| | | | | | 2）晚宴妆的化妆要点及技巧 | | |
| | | | | | 3）晚宴妆服饰的特点 | | |
| 4. 培训指导与技术管理 | 4–1 培训指导 | 4–1–1 能编制三级 / 高级美容师及以下级别人员的培训教案 | （1）培训人员的能力素质要求<br>（2）培训教案的编制 | （1）培训人员的能力素质要求 | 1）激励及影响他人的能力 | （1）方法：讲授法、演示法、案例教学法<br>（2）重点与难点：激励及影响他人的能力 | 2 |
| | | | | | 2）沟通、演讲能力 | | |
| | | | | | 3）授课技巧 | | |
| | | | | | 4）现场掌控能力 | | |
| | | | | | 5）诊断及解决问题的能力 | | |
| | | | | （2）编制培训教案 | 1）编制培训教案的要求 | （1）方法：讲授法、演示法、案例教学法<br>（2）重点与难点：编制培训教案的步骤 | 3 |
| | | | | | 2）编制培训教案的步骤 | | |
| | | | | | 3）编制培训教案的影响因素 | | |
| | | 4–1–2 能对三级 / 高级美容师及以下级别人员进行操作技能培训和指导 | （1）三级 / 高级美容师基本素质及要求<br>（2）指导三级 / 高级美容师的方法 | （3）指导方法 | 1）三级 / 高级美容师基本素质及要求 | （1）方法：讲授法、演示法、案例教学法<br>（2）重点与难点：指导三级 / 高级美容师的方法 | 1 |
| | | | | | 2）指导三级 / 高级美容师的方法 | | |
| | 4–2 技术管理 | 4–2–1 能对基础美容服务项目进行质量评估并提出改进建议 | （1）质量评估标准<br>（2）质量评估方法 | （1）质量评估及改进 | 1）质量评估标准 | （1）方法：讲授法、演示法、案例教学法<br>（2）重点与难点：质量评估方法 | 1 |
| | | | | | 2）质量评估方法 | | |
| | | | | | 3）建议改进方案 | | |
| | | 4–2–2 能处理店务中的消费和营销问题 | （1）消费心理学基础知识<br>（2）市场营销学基础知识 | （2）客户关系与市场营销 | 1）消费心理学基础知识 | （1）方法：讲授法、演示法、案例教学法<br>（2）重点与难点：市场营销学基础知识 | 1 |
| | | | | | 2）市场营销学基础知识 | | |

续表

| 2.1.5 二级 / 技师职业技能培训要求 | | | | 2.2.5 二级 / 技师职业技能培训课程规范 | | | |
|---|---|---|---|---|---|---|---|
| 职业功能模块（模块） | 培训内容（课程） | 技能目标 | 培训细目 | 学习单元 | 课程内容 | 培训建议 | 课堂学时 |
| 4. 培训指导与技术管理 | 4-3 经营管理 | 能进行美容院日常店务管理 | （1）人力资源管理<br>（2）物料用品管理<br>（3）财务管理<br>（4）日常运营管理 | 美容院日常店务管理 | 1）管理概述<br>①美容院管理的对象<br>②标准化管理流程<br>2）人力资源管理<br>①招聘机制<br>②激励机制<br>③考核机制<br>④成长机制<br>3）物料用品管理<br>①物品分类方法<br>②采购管理<br>③仓储物流管理<br>④物品领用和管理制度<br>4）财务管理<br>5）日常运营管理 | （1）方法：讲授法、演示法、案例教学法<br>（2）重点：日常运营管理<br>（3）难点：财务管理 | 2 |
| 课堂学时合计 | | | | | | | 83 |

## 附录 6 一级 / 高级技师职业技能培训要求与课程规范对照表

| 2.1.6 一级 / 高级技师职业技能培训要求 | | | | 2.2.6 一级 / 高级技师职业技能培训课程规范 | | | |
|---|---|---|---|---|---|---|---|
| 职业功能模块（模块） | 培训内容（课程） | 技能目标 | 培训细目 | 学习单元 | 课程内容 | 培训建议 | 课堂学时 |
| 1. 护理项目开发 | 美容美体护理项目开发 | 1-1-1 能开发符合新技术、新产品、新设备要求的美容美体项目 | （1）美容市场发展现况<br>（2）美容美体项目开发与创新 | （1）开发美容美体护理项目 | 1）美容市场发展现况<br>2）美容美体项目开发与创新<br>①高科技在美容领域的应用<br>②美容新产品在护肤美容、整形美容中的应用<br>③美容新设备在美容美体项目中的应用 | （1）方法：讲授法、演示法、案例教学法<br>（2）重点与难点：美容美体项目开发与创新 | 6 |
| | | 1-1-2 能制定新项目操作规范及要求 | 美容美体项目操作规范制定 | （2）制定美容美体项目操作规范及要求 | 1）美容美体项目的操作规范标准<br>2）美容美体项目的操作规范要求 | （1）方法：讲授法、演示法、案例教学法<br>（2）重点与难点：美容美体项目的操作规范标准 | 6 |

续表

<table>
<tr><th colspan="4">2.1.6 一级 / 高级技师职业技能培训要求</th><th colspan="4">2.2.6 一级 / 高级技师职业技能培训课程规范</th></tr>
<tr><th>职业功能模块（模块）</th><th>培训内容（课程）</th><th>技能目标</th><th>培训细目</th><th>学习单元</th><th>课程内容</th><th>培训建议</th><th>课堂学时</th></tr>
<tr><td rowspan="8">2. 修饰美容</td><td rowspan="8">2-1 脱毛</td><td rowspan="4">2-1-1 能选用适宜的脱毛产品、工具进行脱毛</td><td rowspan="4">脱毛产品、工具的选择</td><td rowspan="4">（1）脱毛基础知识</td><td>1）人体毛发生理知识概述<br>①人体毛发的形态与结构<br>②人体毛发的分类<br>③人体毛发的分布及生长周期</td><td rowspan="4">（1）方法：讲授法、演示法、实训法<br>（2）重点与难点：暂时性脱毛种类及方法</td><td rowspan="4">4</td></tr>
<tr><td>2）脱毛的种类<br>①永久性脱毛<br>②暂时性脱毛</td></tr>
<tr><td>3）暂时性脱毛种类及方法<br>①剃毛原理及方法<br>②脱毛膏脱毛原理及方法<br>③拔毛原理及方法<br>④扣线脱毛原理及方法</td></tr>
<tr><td>4）脱毛产品、工具的分类及选择</td></tr>
<tr><td rowspan="4">2-1-2 能选用温蜡、软蜡、硬蜡、糖浆进行身体各部位脱毛</td><td rowspan="4">（1）温蜡、软蜡脱毛的操作<br>（2）硬蜡脱毛的操作<br>（3）糖浆脱毛的操作</td><td rowspan="4">（2）脱毛操作</td><td>1）温蜡、软蜡脱毛<br>①温蜡、软蜡脱毛的特点<br>②温蜡、软蜡脱毛前的护理准备工作<br>③温蜡、软蜡脱毛的操作流程<br>④温蜡、软蜡脱毛的方法及注意事项</td><td rowspan="4">（1）方法：讲授法、演示法、实训法<br>（2）重点与难点：身体各部位脱毛的方法及注意事项</td><td rowspan="4">18</td></tr>
<tr><td>2）硬蜡脱毛<br>①硬蜡脱毛的特点<br>②硬蜡脱毛前的护理准备工作<br>③硬蜡脱毛的操作流程<br>④硬蜡脱毛的方法及注意事项</td></tr>
<tr><td>3）糖浆脱毛<br>①糖浆脱毛的特点<br>②糖浆脱毛前的护理准备工作<br>③糖浆脱毛的操作流程<br>④糖浆脱毛的方法及注意事项</td></tr>
<tr><td>4）身体各部位脱毛的方法及注意事项</td></tr>
</table>

续表

| 2.1.6 一级 / 高级技师职业技能培训要求 | | | | 2.2.6 一级 / 高级技师职业技能培训课程规范 | | | |
|---|---|---|---|---|---|---|---|
| 职业功能模块（模块） | 培训内容（课程） | 技能目标 | 培训细目 | 学习单元 | 课程内容 | 培训建议 | 课堂学时 |
| 2. 修饰美容 | 2-1 脱毛 | 2-1-3 能进行脱毛后护理 | （1）脱毛后护理<br>（2）脱毛后禁忌 | （3）脱毛后护理 | 1）脱毛后的护理方法<br>2）脱毛后禁忌、副作用及皮肤修复 | （1）方法：讲授法、演示法、实训法<br>（2）重点与难点：脱毛后的护理方法 | 1 |
| 2. 修饰美容 | 2-2 美睫 | 2-2-1 能根据顾客眼型及睫毛基础选择适宜的假睫毛 | （1）眼型与睫毛基础判断<br>（2）嫁接睫毛的产品、工具的选择 | （1）美睫基础知识 | 1）睫毛的生理知识<br>①睫毛的生理结构<br>②睫毛的生理功能<br>③睫毛的生长周期及特点<br>2）美睫的常见方式<br>3）嫁接睫毛的产品与工具选择 | （1）方法：讲授法、演示法、实训法<br>（2）重点与难点：嫁接睫毛的产品与工具选择 | 1 |
| 2. 修饰美容 | 2-2 美睫 | 2-2-2 能嫁接睫毛 | （1）嫁接睫毛的设计<br>（2）嫁接睫毛的操作 | （2）美睫操作 | 1）嫁接睫毛<br>①嫁接睫毛的原理及方法<br>②嫁接睫毛的技巧及要求<br>③嫁接睫毛的设计原则<br>④嫁接睫毛的操作步骤及方法<br>2）嫁接睫毛操作的注意事项 | （1）方法：讲授法、演示法、实训法<br>（2）重点与难点：嫁接睫毛的操作步骤及方法 | 6 |
| 2. 修饰美容 | 2-2 美睫 | 2-2-3 能进行嫁接睫毛后的整理 | （1）嫁接睫毛后的维护<br>（2）卸睫毛的操作 | （3）美睫后护理 | 1）嫁接睫毛的维护和注意事项<br>①嫁接睫毛的顾客维护<br>②嫁接睫毛后的维护及修复<br>2）卸睫毛的方法和注意事项 | （1）方法：讲授法、演示法、实训法<br>（2）重点与难点：嫁接睫毛的维护和注意事项 | 1 |

续表

| 2.1.6　一级 / 高级技师职业技能培训要求 | | | | 2.2.6　一级 / 高级技师职业技能培训课程规范 | | | |
|---|---|---|---|---|---|---|---|
| 职业功能模块（模块） | 培训内容（课程） | 技能目标 | 培训细目 | 学习单元 | 课程内容 | 培训建议 | 课堂学时 |
| 3. 培训指导与技术管理 | 3-1　培训指导 | 3-1-1　能编制员工培训计划及大纲 | 培训计划及大纲的编制 | （1）培训计划及大纲的编制 | 1）培训计划的编制<br>①编制培训计划的要求<br>②编制培训计划的步骤<br>③编制培训计划的影响因素 | （1）方法：讲授法、演示法、案例教学法<br>（2）重点与难点：培训大纲的编制 | 2 |
| | | | | | 2）培训大纲的编制 | | |
| | | 3-1-2　能对二级 / 技师及以下级别人员进行技术指导 | 二级 / 技师及以下级别人员的技术培训 | （2）培训实施 | 1）培训设计 | （1）方法：讲授法、演示法、案例教学法<br>（2）重点与难点：培训设计 | 3 |
| | | | | | 2）培训方法<br>①课堂导入的方法<br>②板书设计技能<br>③提问技能 | | |
| | 3-2　技术管理 | 3-2-1　能进行服务模式创新，并制定服务规范及质量评价方案 | （1）美容院服务规范、流程的拟定<br>（2）特色服务模式创新 | （1）服务规范流程及创新 | 1）美容院服务规范要点 | （1）方法：讲授法、演示法、案例教学法<br>（2）重点：美容院服务流程<br>（3）难点：特色服务模式创新途径和方法 | 1 |
| | | | | | 2）美容院服务流程 | | |
| | | | | | 3）创新服务模式与提高服务质量 | | |
| | | | | | 4）特色服务模式创新途径和方法 | | |
| | | 3-2-2　能把握市场动态，引进新技术，进行技术创新 | （1）市场动态的把握<br>（2）技术创新的途径和方法 | （2）技术创新 | 1）把握市场动态的途径和方法 | （1）方法：讲授法、演示法、案例教学法、讨论法<br>（2）重点与难点：技术创新的途径和方法 | 1 |
| | | | | | 2）技术创新的途径和方法 | | |
| | | 3-2-3　能进行美容企业质量评价 | 美容企业质量评价 | （3）美容企业质量评价 | 1）美容企业服务质量评价指标 | （1）方法：讲授法、演示法、案例教学法<br>（2）重点：美容企业服务质量评价指标<br>（3）难点：改进质量的方法 | 1 |
| | | | | | 2）改进质量的方法 | | |
| 课堂学时合计 | | | | | | | 51 |